U0334111

KUNCHONG
BAIKE QUANSHU

昆虫百科全书

沐之◎主编

江西美术出版社
全国百佳出版单位

图书在版编目（CIP）数据

昆虫百科全书 / 沐之主编 . —— 南昌：江西美术出版社，2017.1（2021.11 重印）
（学生课外必读书系）
ISBN 978-7-5480-4948-7

Ⅰ . ①昆… Ⅱ . ①沐… Ⅲ . ①昆虫—少儿读物 Ⅳ . ① Q96-49

中国版本图书馆 CIP 数据核字（2016）第 260640 号

出 品 人：汤 华
责任编辑：刘 芳 廖 静 陈 军 刘霄汉
责任印刷：谭 勋
书籍设计：韩 立 潘 松

江西美术出版社邮购部
联系人：熊 妮
电话：0791-86565703
QQ：3281768056

学生课外必读书系

昆虫百科全书 沐 之 主编

出版：江西美术出版社
社址：南昌市子安路66号
邮编：330025
电话：0791-86566274
发行：010-58815874
印刷：北京市松源印刷有限公司
版次：2017年1月第1版　2021年11月第2版
印次：2021年11月第2次印刷
开本：680mm×930mm 　 1/16
印张：10
ISBN 978-7-5480-4948-7
定价：29.80元

本书由江西美术出版社出版。未经出版者书面许可，不得以任何方式抄袭、复制或节录
本书的任何部分。
本书法律顾问：江西豫章律师事务所　晏辉律师
部分图片来自www.quanjing.com　CFP@视觉中国
赣版权登字-06-2016-829
版权所有，侵权必究

　　从沙漠到丛林，从冰原到山地，从小溪到低洼的死水塘和温泉，每一个淡水或陆地栖所，只要有食物，就会有昆虫的身影。无论是色彩缤纷的蝴蝶、采花酿蜜的蜜蜂，还是吐丝结茧的蚕宝宝、引吭高歌的知了、争强好斗的蛐蛐、星光闪烁的萤火虫、憨厚可爱的小瓢虫、举着一对大刀怒目圆睁的螳螂等，都深深吸引着人们好奇的目光。

　　别看昆虫的个头小，它们可是动物界种类最繁多、数量最庞大的一族！其成长千变万化，幼虫、成虫大不同。更有超完美的伪装术，以迷惑捕食者。它们或盘踞空中，或横扫地面，或侵入地下空间，并且习性都十分奇特。它们是怎样生活的呢？它们的世界与我们的世界有什么不同呢？

　　本书分为认识昆虫、甲虫大军、蝶蛾王国、蜂蚁来袭等部分，内容集知识性、趣味性、科学性于一体，以轻松、活泼、有趣的语言介绍了昆虫的历史、分类、形体、结构、行为、生活习性等方面的内容。并附有相关的"千奇百怪"栏目，多层次、全方位地展现庞杂而生动的昆虫世界。同时，书中还配有大量精美图片，使小朋友在学习知识的同时，获得更为广阔的文化视野、审美享受和想象空间。

　　通过阅读本书你会了解到，昆虫也跟我们人类一样：生老病死、成家生子，有属于自己的生活。它们有的是大块头，有些却十分渺小；有的一生只

能存活几个小时，有的寿命却可以达到 50 年。更奇怪的是，有的昆虫不用吃东西就可以生存……你是不是觉得这些就已经很酷了呢？书中还有更多令人称奇的知识哟！想了解昆虫世界的一切，那就翻开本书一起探索吧！

第三章
臭名昭著的害虫

Chapter 1
第一章
认识昆虫

昆虫到底什么样

KUNCHONG DAODI SHENME YANG

夏天一到，昆虫立刻活跃起来。盘旋在河面上的蜻蜓、飞舞于花间的蝴蝶、嗡嗡叫的苍蝇、到处吸血的蚊子……仔细观察，这些家伙在外形上有什么共同特征呢？

给昆虫画像

昆虫是节肢动物门中最大的一纲，成虫身体分为头、胸、腹3部分。头部有触角（1对）、眼、口器等；胸部有3对足，2对或1对翅膀，某些昆虫没有翅膀；腹部有节，两侧有气门（呼吸器官）。昆虫大多会经历卵、幼虫、蛹、成虫4个发育阶段。通常，我们判断某只虫子是不是昆虫，从它的身体结构上就可以判断出来。

这些在生活中随处可见的昆虫，是地球上种类最多的群体。

▼甲虫外部结构图

触角
眼
前足
前胸
鞘翅（硬化的前翅）
中足
后翅
后足
腹部

昆虫的历史

经历了酷热、严寒，一部分昆虫死去了，一部分昆虫活下来了。这些活下来的昆虫，跨越几亿年的光阴，向我们证明了它们的生命力有多顽强。

琥珀中的历史

昆虫是世界上最古老的生物群之一，但留下来的史前昆虫化石却很少。目前，已发现的史前昆虫化石大多是保存在琥珀里的。琥珀将昆虫刹那的动作定格，就如同将正在播放的动画片暂停一样，让人们通过定格的画面联想出当时动态的场景来。

有一块琥珀化石，定格的是一只史前的蚂蚁正在捕食蚊子状昆虫的画面：蚂蚁仍然保持战斗姿态，上颚紧紧夹着蚊子状昆虫的腿；蚊子状昆虫则拼命挣扎。双方正战斗得如火如荼时，"啪嗒"，从大树上掉下来一滴黏稠的树脂，将蚂蚁与蚊子状昆虫通通裹在里面。经过上亿年的光阴，树脂变成了一颗琥珀。后来，人们发现了这颗晶莹的琥珀，并根据这颗琥珀推测出蚂蚁最初的巢穴可能在地面上，后来因为群居，需要一个空间更大的巢穴，才转到地下的。

▶琥珀

昆虫的祖先

昆虫的祖先是生活在水中的，它们像蚯蚓一样，身体由多节组成，前端环节上生有刚毛。这些刚毛是昆虫祖先的感觉器官，在昆虫祖先运动时不断触摸着周围的物体，帮助它们判断环境，探寻食物。在昆虫祖先的头和第一环节间的下面，有一个取食的小孔，那就是它们的"嘴巴"。

◀琥珀

11

登陆

经过数亿年的进化，昆虫的身体构造发生了巨大变化，多环节的身体已经能明显区分出头、胸、腹3大部分，同时它们也成功登陆，开始适应陆地上的生活。到了泥盆纪（4.17亿年前～3.54亿年前）末期，有些昆虫长出了翅膀。在泥盆纪以后的亿万年时间内，地球环境有过多次剧烈变化，一部分昆虫被淘汰，一部分昆虫强悍地生存下来。在这些适应了环境的昆虫中，有很多种类一直延续到现在。

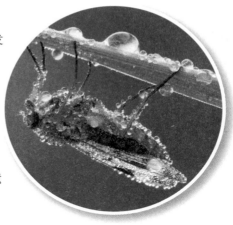

进一步演化

石炭纪（3.54亿年前～2.92亿年前）时期，地球上的植物十分繁茂，这让以植物为主食的昆虫非常高兴，它们再也不用为食物发愁，可以专心地繁殖下一代了。这一时期是昆虫演变最快的时期，出现了很多大昆虫，比如巨脉蜻蜓。巨脉蜻蜓的翅展接近1米，和老鹰的翅展差不多大。巨脉蜻蜓是地球上有史以来最大的昆虫，以其他昆虫和小型爬行动物为食。这种昆虫飞翔能力一般不强，有些科学家甚至认

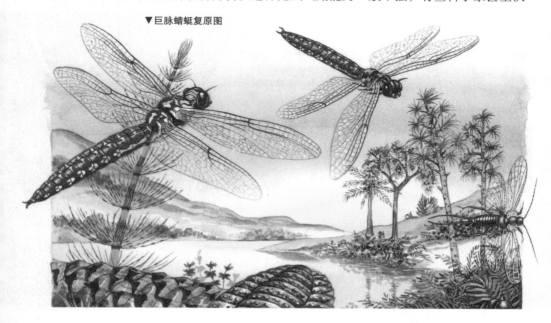
▼巨脉蜻蜓复原图

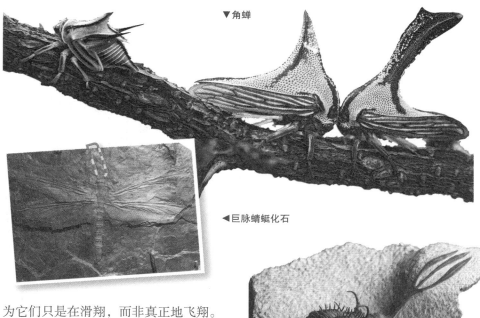

▼角蝉

◀巨脉蜻蜓化石

为它们只是在滑翔，而非真正地飞翔。

灾难降临

到了中生代（2.5亿年前～6550万年前），昆虫遇到了恐怖的灾难：地球干旱，植物大面积死亡，只剩下水边的小面积森林。此时昆虫的食物严重不足，一部分昆虫又被淘汰了，剩下的昆虫也生存得十分艰难。

▲这是三叶虫化石。有人认为，昆虫是由三叶虫等登陆后演变而来的。

▼椿象

白垩纪至今

好在到了中生代后期——白垩纪时期，这种艰难的局面被打破了。

白垩纪时期，地球上的近代植物群已经形成，显花类植物种类增加，依靠花蜜为生的昆虫和捕食性昆虫的数量不断增多。这一时期，哺乳动物和鸟类的数量大幅度增加，寄生在其他动物身上的昆虫也应运而生。至此，现代昆虫的类目基本确定。

昆虫的孵化室

KUNCHONG DE FUHUASHI

昆虫的卵形状各异，有米粒状、球状、鱼子状、小扁圆状等。这么看来，观察昆虫的卵会很有趣。不过，你要去不同的地方观察哟！因为昆虫妈妈会将卵产在既远离天敌又适宜后代成长的地方。

▲ 蟋蟀

地下孵化室

蟋蟀妈妈将卵产在地下。交配后，蟋蟀妈妈会找到一块松软、湿润的土壤，将产卵管伸入其中并产卵。孕育卵、产卵，基本上已经耗光了蟋蟀妈妈的全部精力，它们可能会在产卵不久后死去。蝗虫妈妈也喜欢将卵产在地下，不过，蝗虫妈妈身体较强壮，产卵后依然健康。

水中孵化室

蜻蜓妈妈一般将卵产在水里。我们常看到蜻蜓用尾巴在水面上一点一点地，这就是蜻蜓妈妈在产卵呢。为了将卵产在水草上，蜻蜓妈妈要努力将尾巴伸入水中。如果水草太深了，蜻蜓爸爸偶尔也会帮忙。蜻蜓爸爸用尾尖勾住蜻蜓妈妈的头部，用力拖着蜻蜓妈妈，让蜻蜓妈妈能够将卵产在最好的位置上。还有很多昆虫也将卵产在水中，比如蚊子妈妈，它们也觉得将卵产在水中比较适宜。

▼蜻蜓产卵

 植物孵化室

蝴蝶喜欢各种植物，蝴蝶妈妈会将卵产在植物上。产卵前，蝴蝶妈妈会找到最利于幼虫生长的植物，然后将卵产在最合适的叶子上。不过，蝴蝶妈妈是粗心的妈妈，产卵之后，一般不会给卵再做些保护措施。

▲蝴蝶

暖房孵化室

蠼螋妈妈是最伟大的妈妈。蠼螋妈妈会找一个温暖的地方产卵，并一直守护着它们，直到自己死去。蠼螋妈妈护子心切，堪比鸡妈妈。很多蠼螋妈妈产卵后会疲劳地死去，将身体当作食物留给孩子。蠼螋妈妈至死都放不下对孩子的爱，实在让人动容。

▼蝴蝶卵

爸爸的背上和巢穴内

负子蝽妈妈是最清闲的妈妈了。交配后，负子蝽妈妈会将卵产在负子蝽爸爸的背上，由负子蝽爸爸照顾这些卵，负子蝽妈妈则无事一身轻啦！

蜂后和蚁后在交配过后，基本不会再离开巢穴了，它们将卵产在巢穴中，由工蜂或工蚁照顾。

昆虫妈妈们产卵的地点不一，但它们都不约而同地选择了对后代最有利的地方，这是它们母爱的一种表达，也是保证后代繁衍生息的有效方式。

▼蝈蝈产卵

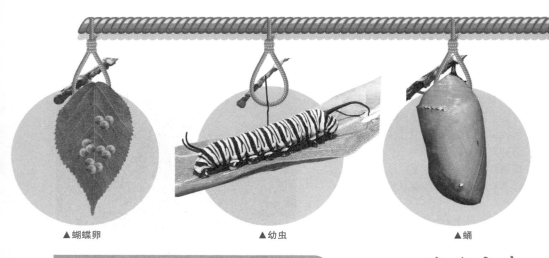

▲蝴蝶卵　　　　　　　　　▲幼虫　　　　　　　　　▲蛹

昆虫的成长

KUNCHONG DE CHENGZHANG

昆虫的成长方式分为完全变态和不完全变态两种。这个"变态"，指的是昆虫形态的变化。幼虫长得和父母完全不一样的昆虫，即完全变态昆虫；幼虫和父母长相相似，就是个子较小且某些器官没有发育成熟的昆虫，即不完全变态昆虫。

完全变态

　　完全变态昆虫要经历卵、幼虫、蛹、成虫4个阶段，才能完全成长起来。蝴蝶就是典型的完全变态昆虫。

▼黑脉金斑蝶

　　雌蝴蝶将卵产在植物上，若干天后，卵内的幼虫长大了，开始啃咬卵的硬壳。卵壳破裂后，幼虫便爬了出来。

　　蝴蝶的幼虫肉乎乎的，有好多条腿，沿着树干、花茎爬上爬下，专门挑最嫩的叶子吃。幼虫要蜕皮数次，每蜕皮一次，身体就要长大许多，胃口自然也随之变大了。

　　找到最安全的结蛹之处后，蝴蝶幼虫开始吐丝，将自己吊挂起来，进

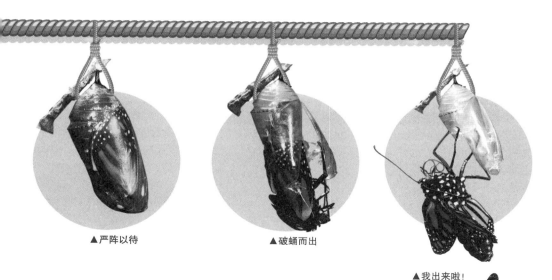

▲严阵以待　　　　　▲破蛹而出

▲我出来啦！

入预蛹期。经过几十个小时的预蛹期，蝴蝶幼虫进行一生中的最后一次蜕皮，进入蛹期。蛹在这一阶段一动不动，外表不发生一丝变化，其实内部的变化巨大着呢：蛹内原来幼虫的一些组织和器官被破坏，新的成虫的组织和器官逐渐形成。

　　蛹内的成虫成熟以后，就会破蛹而出，这个过程叫"羽化"。此时的蝴蝶还不能立刻飞翔，两对翅膀又小又皱的。十几分钟后，皱巴巴的小翅膀就会丰盈起来，蝴蝶就能翩翩起舞了。

🦗 不完全变态

　　不完全变态昆虫要经历卵、若虫、成虫3个阶段，才能完全成长起来。蝗虫是不完全变态昆虫的代表。

　　蝗虫卵经过温暖、湿润的土壤的孵化，不久就会钻出幼虫来。蝗虫的幼虫和成虫长得很像，就是身体小了很多，生殖器官尚未发育成熟。这种和父母长得很像的昆虫幼虫，叫作"若虫"。若虫也要经历一次又一次的蜕皮。最后一次蜕皮后，若虫就变为成虫，可以进行自由恋爱和交配了。

►若虫

▲若虫蜕的皮

不完全变态

◄蝗虫卵

▼正在产卵的蝗虫

昆虫家族的成员

KUNCHONG JIAZU DE CHENGYUAN

要想给数量庞大的昆虫家族分类，还真不是一件容易的事呢。科学家根据昆虫自身的特点，制定了3条分类依据：根据进化程度划分，根据翅划分，根据体肢划分。

根据翅来划分，昆虫可分为有翅亚纲、无翅亚纲两类。

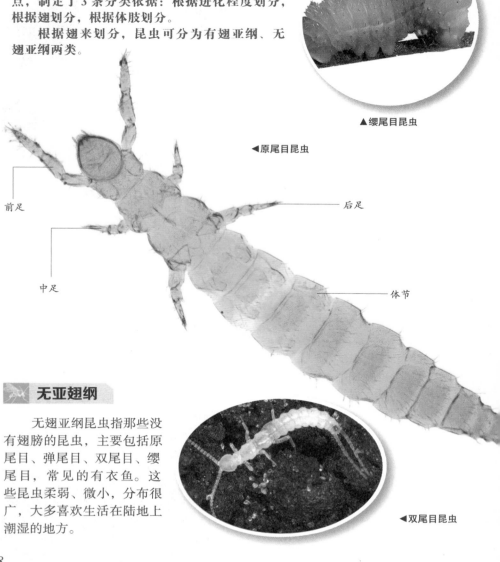

▲缨尾目昆虫

◀原尾目昆虫

前足

中足

后足

体节

无翅亚纲

无翅亚纲昆虫指那些没有翅膀的昆虫，主要包括原尾目、弹尾目、双尾目、缨尾目，常见的有衣鱼。这些昆虫柔弱、微小，分布很广，大多喜欢生活在陆地上潮湿的地方。

◀双尾目昆虫

有翅亚纲

有翅亚纲昆虫是昆虫家族的主要成员，其数量和种类
都很多。这类昆虫都有翅膀，只是少数昆虫的翅膀为了
适应环境发生了退化。有翅亚纲昆虫的一个突出特
征是变态，它们的幼虫时期没有翅膀，长大后
才有。有些有翅亚纲昆虫通过蜕皮逐渐变态
（不完全变态），有些则通过蛹的阶段完全
变态。

有翅亚纲又细分为古翅次纲和新翅
次纲。古翅次纲昆虫指翅膀与身体呈直角
的昆虫，包括蜉蝣目、蜻蜓目。这些昆虫
的翅膀不能折叠，所以给它们带来了很多
苦恼，曾经的巨型昆虫——巨
脉蜻蜓就此灭绝。

新翅次纲昆虫指的是翅
能折叠，静止时翅膀覆盖在
背面的有翅昆虫类群，包括
直翅目、同翅目、鳞翅目、
鞘翅目、膜翅目等。

▲蜉蝣

▼巨脉蜻蜓模型　　　　　　　　▲蜻蜓

你知道吗

世界上生物的种类复杂多样，各物种包含
很多分支，各分支又可以划分为很多类，数量
真是不可胜数。将生物简单划分为动物、植物
或者鸟兽虫鱼显然是笼统而错误的。几代生物
学家经过研究分析，按从大到小的顺序将界、
门、纲、目、科、属、种作为生物分类等级的
标准。其中，最上层的是界，最下层的是种。

有翅亚纲的常见种类

蜻蜓目常见的昆虫是蜻蜓。蜻蜓属于大中型昆虫，有 2 对发达的翅膀和长长的腹部，经常盘桓在草丛、河流上空，伺机捕捉猎物。

直翅目昆虫体型较大或中等，有 2 对翅，前翅狭长，稍硬，起保护作用，叫作"覆翅"；后翅膜质，常呈扇状折叠。多数种类后足很发达，善跳跃。腹端有尾须 1 对。常见的种类有蟋蟀、蝗虫、蝼蛄等。

半翅目昆虫通称"蝽"，身体扁平。有 2 对翅膀，前翅为半鞘翅；后翅膜质或退化，平时平覆在体背上。多数种类近后足基节处生有挥发性臭腺的开口，遇到敌人时能放出臭气。

鳞翅目昆虫一般都有 2 对翅，均是膜质。身体上覆盖着细密的鳞片，"鳞翅"即由此得名。鳞翅目昆虫的成虫主要为蝶类和蛾类，幼虫叫毛虫。

▼中华象蜡蝉

▲蟋蟀

▲蜻蜓

►凤蝶

▲象鼻虫

▼蜜蜂

鞘翅目昆虫通称"甲虫"，是昆虫纲中最大的一目。甲虫的大小、形态不一，身上覆盖着硬硬的甲壳。世界上已知的甲虫约有 35 万种，中国已知的约有 7000 种。

膜翅目昆虫大多有 2 对翅，均是膜质，如蜜蜂、黄蜂。蚂蚁也属于膜翅目昆虫，只不过除了有生育能力的雌蚁（交配后翅膀脱落）和雄蚁，其他蚂蚁的翅膀都退化了。

◀蚂蚁

▲蝇

▼蝶角蛉

双翅目昆虫有 2 对翅，前翅膜质，后翅已经退化成平衡棒。常见的有蚊子、苍蝇、牛虻等。

隐翅目昆虫不能飞行，有发达的长足，擅长跳跃，如跳蚤。这类昆虫一般爱吸食血液。

脉翅目昆虫的前、后翅均为膜质，翅膀微微透明，分布着网状的脉络。停歇的时候背向上拱着，像屋脊似的，大多是益虫，如草蛉、蝶角蛉等。

昆虫的"语言"

KUNCHONG DE "YUYAN"

人类通过语言和肢体动作进行交流、沟通，昆虫之间是以什么方式进行沟通的呢？其实，昆虫之间的沟通方式可多啦，声音、气味、动作等，都是它们交流的方式。下面，我们举几个典型的例子。

深情的呼唤

炎热的夏季，我们经常能听到蝉在树上"知了""知了"地叫，扯着嗓子，一刻都不停歇。一般认为，这是雄蝉在寻找配偶。雄蝉腹部有个发声器，能够发出高亢尖厉的声音，来吸引雌蝉。一旦雌蝉慕"声"而来，雄蝉就会降低音量，发出"求爱宣言"："好姑娘，嫁给我，好吗？"雌蝉就会发出低低的回应声。不过，因为雌蝉没有发声器，发出的回应声特别低，人耳听不见，所以人们称雌蝉为"哑巴姑娘"。依靠声音进行交流的昆虫还有很多，蝗虫、蟋蟀、蝈蝈儿、纺织娘等都是优秀的"歌唱家"。

优美的舞蹈

"啊，好大一片花呀！"一只出来侦察的蜜蜂情不自禁地感叹。可它虽然能发出"嗡嗡嗡"的声音，却不会利用声音来传递消息，怎么办呢？山人自有妙计！小蜜蜂采了一些花粉，急急忙忙飞回巢穴，在伙伴们面前跳起舞来。

原来，蜜蜂是通过跳舞来表达蜜源的地点、距离的。如果蜜源在蜂巢百米以内，侦察蜂就会

▲蝉

◀蝈蝈

在蜂巢上交替着向左或向右爬行，跳起"圆圈舞"。如果蜜源在百米以外，侦察蜂就会跳起"8字舞"，动作越快、转弯越急，表示距离越近；动作越慢、转弯越缓，表示距离越远。

熟悉的味道

小小的蚂蚁既没有高亢的嗓音，又不会跳优美的舞蹈，那它们之间是怎么交流的呢？

▲蜜蜂

我们观察蚂蚁时，经常看见蚂蚁之间互碰触角，它们是在打招呼吗？其实，蚂蚁是在靠碰触角来判断对方身份。如果对方身上的味道与自己所在群体的独有味道一样，那对方就是自己的伙伴；反之，就可能是敌人了。蚂蚁身上的气味其实是一种激素，它们一边爬行，一边分泌激素，食物越多的地方，分泌的激素越多，其他蚂蚁便能循"味"而来，将食物搬回洞中。

昆虫的"语言"真是奇妙！

▲蚁

◀蚁

昆虫住在哪里

昆虫是地球上分布区域最广的动物，白雪皑皑的高山上、烈日炎炎的沙漠里、水流潺潺的江河中、绿意浓浓的草原上……随处可见它们的身影。那么，昆虫有自己的家吗？它们都住在哪里呢？

居无定所

很多昆虫，尤其是成虫，没有固定的家，就像流浪汉一样。一般情况下，哪里有食物，哪里就是它们的家。花丛中、绿草间、树叶上，经常可以见到蝴蝶、瓢虫、天牛、花金龟等。不过你用不着可怜它们，因为青菜萝卜，各有所爱，这些随遇而安的昆虫，就喜欢这样漂泊不定的生活，追求"今朝有酒今朝醉""莫使金樽空对月"的洒脱。

▲集群栖息的蝴蝶

▼蜂巢

筑巢而居

不同的昆虫个性不同，有喜欢独来独往的，也有喜欢群居的。群居的昆虫大多生活在巢穴中，如蚂蚁、蜜蜂、白蚁等。蚂蚁的巢穴建在地下，设施完善，如同一座微型城市。蜜蜂的巢穴有的建在土中，有的挂在树上，有的建在植物丛中。白蚁的巢穴建在林间或草丛中的空地上，如同一座拔地而起的高楼，巍峨挺立。

待在地下

不少昆虫的幼虫和成虫生活在不同的环境中，比如蝉。蝉的幼虫住在土中，过着暗无天日的生活，饿了就贪婪地刺吸植物根部的汁液，累了就休息，它们才不会管树木的死活。将要羽化时，它们就会在黄昏或夜间钻出地表，爬到树上，开始另一番生活。

▲ 蝉的幼虫

寄居于农作物

很多昆虫寄居在农作物上，饿了就啃食植株的茎叶或果实，饱了就趴在植株上美美地睡一觉。这些影响农作物生长的家伙，是人人厌恶的害虫。如豆象虫，从破蛹而出时算起，一生的时间基本都是在大豆植株上度过的。

▼ 捉虱子

▲ 被豆象虫伤害的大豆

寄生在皮肤上

并不是所有昆虫都能自力更生，某些昆虫必须寄生在其他动物身上才行。寄生虱就是最常见的寄生昆虫之一。寄生虱常寄生于人类、家畜、鸟类等恒温动物的皮肤上，以啃食皮屑、羽毛，或者吸食寄主的血液为生。它们身材微小，要拨开动物的毛发仔细观察，才能找到一点儿蛛丝马迹。寄生虱令人讨厌，对于人类来说，摆脱它们的最好办法就是保持个人卫生。

以水为家

很多昆虫以水为家，如负子蝽、龙虱、长须水龟甲等。

生活在水中的昆虫大多很闲适，每天除了"游泳"，就是捕食微生物、啃食水草。龙虱体长一般 3.5 ~ 4 厘米，看上去黑乎乎的，后足侧扁并长有长毛。龙虱既是游泳高手，也是贪吃鬼，只要有食物，就会不顾一切地拼命吃，经常撑得几乎漂不起来。不过作为水中居民，这点儿小问题难不倒它们。它们的尾部能产生气体交换泡，可以在水下进行气体交换。

寄生在其他昆虫的幼虫体内

还有一些昆虫寄生在其他昆虫的幼虫体内，如寄生蜂、寄生蝇等。寄生蜂是蜂类的一种，身材微小，寄主多是其他有翅昆虫的幼虫。寄生蜂幼虫孵化后，就以寄主的脂肪和体液为食，待其长大后，寄主就只剩下空壳了。

寄生蝇可寄生在大多数昆虫的幼虫体内。它的寄生方式多样，其中蛴生型寄生蝇的寄生方式最有趣，幼虫被产在寄主经常出没的地方或者寄主的食物上，一旦寄主与之接触，这些幼虫就急忙贴附在寄主身上，然后在寄主体壁上钻个洞，倒挂金钩，悬进寄主体内，开始寄生之旅。

争抢地盘

为了争抢地盘，不同种类的昆虫之间经常发生打斗事件。天气炎热的夏天，大树会分泌出一层薄薄的树脂来。树脂是很多昆虫都喜爱的食物，所以，树脂周围常常聚集着四五种昆虫，如独角仙、飞蛾、象鼻虫、大胡蜂等。这些昆虫都虎视眈眈地盯着树脂最充足的地方，希望在那里住上一段日子，于是它们不约而同地争抢起来。最后胜利的昆虫占据了最佳位置，失败的昆虫只能退而求其次了。

千奇百怪

下雨的时候，蜜蜂会躲在巢内不外出，以免被雨水淋湿翅膀。如果蜂巢被大雨淋坏了，蜜蜂可怎么办呢？这些可爱的小家伙，会收拢翅膀、仰起头部，摆出一副虔诚仰视天空的姿态，仿佛在祈求老天爷别再下雨了。其实，蜜蜂做这个动作是为了让雨水从身上流走。

27

昆虫吃什么

KUNCHONG CHI SHENME

昆虫们都是美食家，各有不同的饮食嗜好，有的专门吃荤，有的专门吃素，还有的讲究荤素搭配……

它们爱吃荤

蜻蜓和螳螂是典型的荤食主义者，无肉不欢。不过，二者的"吃肉"方式有点儿不一样。

蜻蜓喜欢主动出击。它们经常盘桓在半空，用圆鼓鼓的大眼睛搜索着猎物，一旦发现目标，立刻以迅雷不及掩耳的速度冲上去，一口将其吞噬。

与雷厉风行的蜻蜓相比，螳螂更喜欢以逸待劳。它们大多静静伏在草丛里，一动不动，与周围的颜色融为一体。一旦不知情的猎物从它们面前经过，它们就会立刻精准地扑向猎物。很多警惕性不高的小昆虫，就此命丧螳螂之口。

像蜻蜓、螳螂这样的荤食主义者还有很多，如马蜂、食虫虻、中华虎甲等。

▲ 螳螂捕蝉

▼ 蚂蚁捕猎

▲ 螳螂捕蝇

另外，我们不要忘记食腐昆虫哟，它们也是地地道道的荤食主义者。食腐昆虫指的是以食用其他动物的遗体为生的昆虫。这类昆虫被誉为"地球的清洁工"。如果没有它们每天不停地食用动物的遗体，地球将变成一个臭气熏天的垃圾堆。

还有专门吸血的昆虫，最常见的当然是令人生厌的蚊子了。

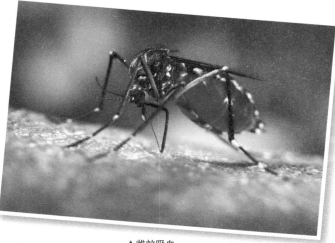

▲ 雌蚊吸血

这类昆虫都有一个长长的口器，如同针头一样，扎进人或者其他动物的皮肤里，吸出血液，填饱自己的肚子，催熟自己的卵。吸血昆虫是很多传染性疾病的传播者。

它们爱吃素

与荤食主义者恰恰相反，素食性昆虫严格控制着饮食，一点儿荤腥都不沾，大多食用植物的茎、叶、果、汁液、花蜜等，小部分喜欢吃藻类、苔藓类等。

如果你认为素食性昆虫都清心寡欲，那你就大错特错啦！为了争夺食物，素食性昆虫也会动用武力。夏天的傍晚，在树木流出汁液的地方，经常能看见独角仙和锹甲虫为了争夺汁液最充沛的地盘而发生"战争"，二者的"武功"不相上下，经常斗得两败俱伤，一个失去了犄角，一个损失了大颚。

奉行素食主义的昆虫还有蟋蟀、蜜蜂、蝗虫、蚜虫等。

▶蜜蜂采蜜

它们的食物很特殊

有一些昆虫的食性很奇特，它们以粪便为食，和食腐昆虫共同被称为"地球的清洁工"。其中最具代表性的就是蜣螂，也就是我们俗称的"屎壳郎"。蜣螂将粪便滚成球，贮存在挖好的坑洞中，饿了就啃几口，困了就依偎着粪球睡一觉；即使产卵，也是将卵产在粪球里，可谓一生都离不开粪球。

你知道吗

大部分昆虫都是通过气门呼吸的，可这并不包括在水中生活的昆虫。为了适应水中环境，水中的昆虫掌握了很多呼吸的窍门。有一些昆虫长着针状的呼吸管，能够刺入香蒲、菅茅等水草中，吸取里面的氧气。所以这些昆虫根本不用浮出水面呼吸，只要有水草，它们就不会窒息。

拟寄生物通常将自己的卵产在其他昆虫的卵、幼虫或者蛹的内部或者表面，其幼虫出生后，就取食寄主的血肉，直到将寄主吃得只剩下一个空壳。拟寄生物通常都比寄主小很多。寄生蜂就是拟寄生物的一种。

寄生物昆虫与拟寄生物昆虫一样，也是寄生在寄主的身体内部或表面，取食寄主的血液、皮屑或毛，但不杀死寄主。跳蚤和虱子就是寄生物昆虫。

昆虫特征大盘点

KUNCHONG TEZHENG DA PANDIAN

▲蝶蛹

有研究表明，全世界的昆虫种类有几百万种，目前已记录的约有 92 万种。小小的、不起眼儿的昆虫，都有些什么特征呢？一起来看看吧！

小身材，大作用

首先，昆虫的身材都很娇小，它们藏在花朵里、树叶下、草丛间，一眼望去，根本看不见，因此它们不易被天敌发现，小身材无形中成了昆虫躲避天敌的有效武器；其次，昆虫身材小，吃得就少，只需一点点食物就能维持身体各项机能的运作；最后，小身材占用的生存空间较少，弹丸之地即可安家，如一棵大树上可以生活上百种昆虫。

便捷的飞行器

很多昆虫都有轻盈的翅膀。一旦遭遇天敌，它们就立刻扇动翅膀，飞离险地，逃到安全的地方。安全的时候，昆虫还可以依靠翅膀，飞来飞去，寻找食物，比慢吞吞地爬行快多了。

硬硬的外壳

多数昆虫有硬硬的外壳，保护着柔软的内部器官。这层外壳其实是昆虫的外骨骼，坚硬而细密，既能反射阳光、维持体温，又能减少身体内部水分的蒸发。就如同一部空调，维持着昆虫体内的温度、水分平衡，让它们能够更好地适应环境。

胃口好，吃嘛嘛香

昆虫的胃口好极了，树叶、花草、蜜汁、露水、腐烂的动物尸体……它们都可以吃得津津有味。在昆虫看来，任何东西都是美食，它们当然就不会饿肚子啦！而且，昆虫的口器也随着进化面发生了变化，很多昆虫由食用固体食物逐渐演变成食用液体食物，扩大了食物范围。

▶蚁类有合作精神

▲白蚁

产卵大王

昆虫是动物界名副其实的产卵大王。它们依靠多如繁星的卵，来对抗自然的淘汰。比如白蚁蚁后，在交配成功后，只要条件适宜，它就会不停地产卵，它的卵多如牛毛。即使这些卵有一半不能孵化，也还有剩下的一半，多得我们几乎数不过来。

适应环境的能力强

在沧海桑田的变迁中，昆虫能保持亿万年不灭，与它们超强的适应环境的能力有关。它们能够根据周围环境的变化，使自己的身体发生变化。比如，为了更好地捕捉食物，螳螂的前肢进化成生有倒刺的"镰刀"；为了自由地呼吸，生活在水中的昆虫进化出各种适应水中生活的呼吸器官。

昆虫是利用空气的高手，它们体内接收空气的器官非常发达，即使外界的空气非常寒冷，这些器官也能高效利用空气中微薄的热能，保证血液的缓慢流动，从而维持温暖的体温，让身体进行基本的机能活动。

▲食蚜蝇

神奇的变身

很多昆虫都会大变身，如蝴蝶、蛾、苍蝇等，它们的一生要经历卵、幼虫、蛹、成虫4个阶段。昆虫在变身的各个阶段，所需的食物、环境各不相同，这减少了同类之间对食物、地盘的争抢，扩大了生存空间。

昆虫的天敌

KUNCHONG DE TIANDI

昆虫虽然数量众多，但大多身材娇小，攻击能力弱，一旦遭遇其他动物的袭击，很容易丧生。那么昆虫的天敌都有哪些呢？

食虫动物

与昆虫同属节肢动物门的蜘蛛，最喜欢捕捉肉嫩味美的昆虫了。它们常常在屋檐下、树枝间编织一张黏黏的网，一些飞行的昆虫一不小心撞在网上，就被粘住了，成为蜘蛛的美食。在庄稼里、草丛间，我们经常能看到蹲伏的青蛙和蟾蜍，它们在守株待兔呢。一旦有昆虫飞过，它们就会飞速伸出长舌头，将昆虫卷进嘴里。很多蚊子就在不经意间成了它们的腹中餐。很多鸟类也是昆虫的天敌。如啄木鸟喜欢吃吉丁虫、天牛，大山雀喜欢吃松毛虫、蚂蚁、刺蛾幼虫。燕子、戴胜、杜鹃、伯劳等也都喜食昆虫。

食虫动物还有很多，如刺猬、蝙蝠、蜥蜴、壁虎、食蚁兽等，可见昆虫的生活真是危机重重。

病原微生物

昆虫也会生病哟！很多病原微生物都会威胁到昆虫的生命，包括细菌、真菌、病毒等。昆虫一旦感染，轻则染病，重则丧命。

◀啄木鸟

千奇百怪

为了验证蝉是不是聋子，曾经有人将两门土炮架在大树下放炮，可是蝉却不受影响，照唱不误。所以该人认为蝉是聋子。其实，蝉不是聋子，只是它的听力范围与人的不一样。

相煎何太急

不同种类的昆虫之间，也存在着吃与被吃的关系。比如七星瓢虫最喜欢吃蚜虫了，棉蚜、桃蚜、豆蚜……各种蚜虫，来者不拒。赤眼蜂、平腹小蜂则喜欢寄生在其他昆虫的卵内，将卵啃食得只剩下外壳。有时，有些同种类昆虫之间也会自相残杀，它们只管填饱肚子，才不在乎被吃掉的是哪个亲人。唉，同是昆虫，却如此相残，真让人有种"相煎何太急"的感慨！

食虫植物

很多昆虫以植物的茎、叶、果、花蜜等为生。可以说，植物是昆虫的大粮仓。不过，有一些植物不想坐以待毙，它们秘密修炼武器，举起了反抗的旗帜，如猪笼草、捕蝇草、瓶子草等。

瓶子草有一个吸收营养的器官——捕虫笼，这是它们对付昆虫的秘密武器。捕虫笼呈圆筒状，笼口有一个盖子，笼内储有危险的消化液。一些不知深浅的小昆虫误以为鲜艳的笼口是鲜花，纷纷过来采食花蜜。岂料笼口非常湿滑，根本站不住脚，小昆虫就一头栽进消化液里，成了瓶子草的养料。

▼瓶子草

五花八门的防身术

KUNCWU HUA BA MEN DE FANGSHENSHU

世界这么大，天敌这么多，昆虫该怎么保护自己呢？在不断逃跑的过程中，昆虫创造出了五花八门的自卫本领，并将这些稀奇古怪的本领发展成本能，一代一代地传了下来。

逃走或者藏起来

很多昆虫在进食和休息的时候都是小心翼翼的，它们调动全身的感觉器官感知周围的环境，哪怕有一丝风吹草动，它们也会扇动翅膀或发动足，立刻逃离。

不过，有些昆虫感觉到危险时不会逃走，而是立刻藏到树叶底下，直到敌人离开才出来，比如象鼻虫。

我的血很难吃

瓢虫个子小小的，飞行速度也不快，鸟类只要扇动几下翅膀就能追上它们。如果靠速度逃跑，瓢虫一丝胜算都没有。不过，鸟类不爱吃瓢虫，因为瓢虫一感觉到危险，就会条件反射地出血。它们的血液有难闻的气味，而且口感很糟，会让鸟类不自觉地将它们吐出来。

◀▶瓢虫的血液有一种难闻的气味

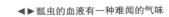

注意，我有毒

有些昆虫为了抵御敌人，会将自己修炼成毒虫。一些昆虫可以自己制造毒素，一些昆虫可以从寄主植物那儿获得毒素，并将毒素藏在身体里。当受到威胁或惊扰时，它们的毒素便会通过腺体渗到身体表面，然后突然挥洒到空气中，或直接对准攻击者猛烈喷射。比如，某些斑蝥能产生有强烈刺激性的斑蝥素；虎凤蝶的幼虫在受到侵犯时，会伸出臭角，并发出臭气，捕食者无法忍受这种味道，就会灰溜溜地撤退了。

▶虎凤蝶的幼虫

我会装死

花蚤的自卫方式别具一格。一旦遭遇强大的敌人，逃生无望，它们就会松开花枝，将腿蜷到身体下面，从高空直接掉下去。捕食者往往被花蚤的"自杀"惊住，进而兴趣全无，转去捕捉别的猎物了。其实花蚤"自杀"是假象，它们不过是用装死来保护自己而已。

当然，花蚤装死自保的方法只能对付只吃活昆虫的动物，一旦遇到连死昆虫也吃的动物，花蚤就无能为力了。

▼花蚤

▼衣鱼

 自割保命

　　爬行动物壁虎在遇到天敌时，会断尾自救，这种本领叫自割。昆虫中的衣鱼也会这种保命方式。为防止蜘蛛等天敌的捕食，衣鱼停歇时会有意地摆动尾梢，使天敌将注意力集中到尾梢上来。当尾巴被抓住，分节的尾巴就会断掉，身体便乘机逃脱。

 我有泡沫帐篷

　　沫蝉小巧玲珑，是昆虫中比较弱小的种类。为了保护自己，沫蝉支起了泡沫帐篷。沫蝉的肛门分泌物与腹部腺体分泌物形成混合液体，再由腹部特殊的瓣引入气泡，液体就会形成一堆泡沫，如同帐篷一样，将沫蝉包覆起来。这种泡沫，除了能遮掩沫蝉的身形，还能保持它们体表的湿润。

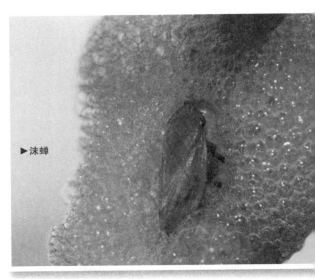
▶沫蝉

 伪装大师

　　昆虫界一点儿都不缺伪装大师。如果你在树林里看见一段小竹枝、一片花瓣或一枚枯叶竟然会无风自动，甚至可以飞、可以跑，千万不要惊讶。因为动弹的根本就不是植物，而是昆虫。如果发现自己的花招儿被识破了，这些昆虫就会赶紧想办法逃之夭夭。
　　这种靠模拟其他生物来保护自身的生态适应现象，叫拟态。

▶凤蝶幼虫

▲眼蝶

▼竹节虫

◀螳螂

吓人有高招儿

很多弱小的昆虫会把自己伪装成强大而有攻击力的动物，让敌人心生畏惧。

鳞翅目中有一个眼蝶科。这一科属的蝴蝶的翅膀上都长着环形斑纹，乍一看去，好像是瞪圆的眼睛。蛱蝶科中的猫头鹰蝶翅膀上的眼斑，与猫头鹰的眼睛非常相似，"瞪"得圆溜溜的，带着狠戾的光芒，很多小型鸟类远远一见，立刻就被吓跑了。

蜂蝇个头儿不大，身体呈黑褐色，腹部有橙黄色横带纹，全身披有金黄色绒毛，跟雄性蜜蜂长得很像。很多捕食者因为害怕雄性蜜蜂的蜂刺，而不敢招惹它们。蜂蝇就这样顶着雄性蜜蜂的头衔，得意地徜徉在花丛间。

还有一种蝇叫食蚜蝇，腹部有醒目的黑黄相间的条纹，长得像黄蜂一样。很多食虫动物都将它们当成性情暴虐的黄蜂，躲得远远的。其实食蚜蝇一点儿杀伤力都没有。

我有保护色

有些昆虫没有毒液，不会模仿，就藏身在与自己体色相近的环境中，让敌人看不见自己。绿色螳螂喜欢生活在绿草和树上；褐色螳螂多生活在褐黄色的物体周围；竹节虫能完美地与周围环境融为一体；菜粉蝶的蛹，会根据蛹化地点的颜色而调整自身的颜色。

39

Chapter 2
第二章

人见人爱的益虫

给益虫颁奖了

GEI YICHONG BANJIANG LE

昆虫王国要召开一次会议，讨论哪些种类的昆虫属于益虫，并要为它们颁发"最佳益虫奖"。各种昆虫纷纷来报名参加。

▲螳螂

争先恐后来报名

蜜蜂首先来报名，它说："我是益虫！我为植物传花授粉，为人类酿造香甜的蜂蜜。"

螳螂抢着说："我是益虫！我一生都以消灭家蝇、蚊子等为己任，减少病菌的传播；我的卵鞘是中药桑螵蛸；我的身体干燥后，也是重要的中药材。"

家蚕也急忙举手，说："我这一生没有别的梦想，就希望吃得饱饱的，好为人类吐出更多、更优质的丝！"

大家争先恐后地陈述自己对人类的贡献，会场气氛十分热烈。

"静一静！静一静！"主持人蜻蜓拿着话筒喊了好几遍，大家才安静下来。

蜻蜓接着说："进行对其他生物有益的活动的昆虫，都是益虫。不过今天，我们只讨论直接或间接对人类有益的昆虫。现在，就请那些对人类有益的昆虫，根据自己做出的贡献，站到对应的队伍里。然后，我们请人类为我们颁奖，好不好？"

▲蜻蜓

▲柞蚕

蜻蜓的话赢得了昆虫们的热烈掌声。在现场保安的引导下，各种益虫很快找到了自己对应的队伍，等待人类来颁奖。

各就各位，颁奖典礼开始

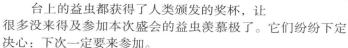

　　隆重的颁奖典礼开始了！
　　农业贡献奖：七星瓢虫、豆娘、草蛉。
　　医药贡献奖：螳螂、角倍蚜。
　　环保贡献奖：蜣螂。
　　生活贡献奖：家蚕、蜜蜂、天蚕、白蜡虫。
　　台上的益虫都获得了人类颁发的奖杯，让

▲茧蜂捕猎

很多没来得及参加本次盛会的益虫羡慕极了。它们纷纷下定
决心：下次一定要来参加。

获奖昆虫的自我介绍

　　颁奖过程中，每个获奖的昆虫都做了简短的自我介绍。
　　七星瓢虫：我可是蚜虫和介壳虫的天敌，保护农作物是我的天职。
　　豆娘：我最爱吃蚜虫了。
　　草蛉：我的食性比较广，不仅爱吃害虫的成虫，还喜欢吃很多害虫的卵。
　　螳螂：我的身体干燥后和我产在桑树上的卵都是中药药材。
　　角倍蚜：我没什么本事，只是帮助盐肤木或其同属植物形成虫瘿，让人类获得重要的药材五倍子而已。
　　蜣螂：我的工作比较脏，每天与粪便为伍，不过，我让环境
更清洁，也算是为人类做出了贡献。

▼食蚜蝇

　　白蜡虫：我分泌出的白蜡被广泛应用于工业、医药行业等。
　　……
　　这些益虫的自我介绍虽然简短，但都
一语道出了它们为人类做出的贡献。我
们应该好好爱护它们。

▼草蛉

款款点水的昆虫——蜻蜓

KUANKUAN DIANSHUI DE KUNCHONG—QINGTING

翻开厚厚的诗词集，关于蜻蜓的诗句比比皆是，如"点水蜻蜓避燕忙""点水蜻蜓款款飞""红蜻蜓小过横塘"等。这些长着透明翅膀的小家伙，究竟有什么动人之处，让古往今来的文人墨客如此着迷呢？

 好看的外貌

蜻蜓是昆虫纲蜻蜓目的小动物，长着大大的复眼、长长的腹部。

蜻蜓的复眼鼓鼓的，仿佛高清探测镜头，时刻监视着四面八方的动静，简直是360°无死角！

在蜻蜓几近长方体的胸部两侧，长着2对透明的膜质翅膀，上面有清晰的网状翅脉。蜻蜓的翅膀非常有趣，休息时不像其他昆虫那样背在身后，而是平直伸在身体两侧，让其整个身体看起来好像是个"十"字。

蜻蜓的腹部细长，大多时候都是直直地伸向后面，与身体保持在同一水平线上。不过，蜻蜓偶尔也会调皮地将腹部向内蜷曲，看起来好像个面包圈。不同种类的蜻蜓，腹部也略有不同，有的是扁形的，有的是圆筒形的。

◀蜻蜓若虫

捉虫高手

　　蜻蜓是威名远扬的益虫，蚊、蝇、蛾等均是它们的美餐。它们的捉虫技巧十分高超，能在 1 小时之内吃掉 20 只苍蝇或 840 只蚊子，可以有效地减少病菌传播，保护人类和动植物。所以，我们一定要好好对待它们。

蜻蜓点水

　　炎热的午后，我们经常能看到蜻蜓在水面上盘旋，一会儿高，一会儿低，倏地又用腹尖点了一下水。这就是人们说的"蜻蜓点水"。蜻蜓是在做游戏吗？当然不是了，这是蜻蜓妈妈在产卵呢。

　　雌蜻蜓通过"点水"的方式，将卵产在水里或水草等植物上。蜻蜓卵孵化成若虫后以捕食水中的小虫为生。

喷水式"火箭"

　　蜻蜓属于不完全变态昆虫，若虫生活在水中，成虫生活在陆地上。蜻蜓若虫被称为"水蛋"，平时总是缓步慢行，一旦遇到危险，就会用力压缩腹部，将吸入腹中的水喷出，在水的反作用力推动下，身体急速前行，仿佛是一架喷水式"火箭"。水蛋长大后，就会爬出水面，到水边的树枝或石头上，羽化成轻盈优雅的蜻蜓成虫。

红蜻蜓

红蜻蜓是最美丽的昆虫之一。可你知道吗，这种红色的蜻蜓都是雄性的。

半黄赤蜻和夏赤蜻等多种蜻蜓的雌性成虫和未成熟的雄性都是黄色的，但是雄性在成熟过程中会慢慢"变色"，从黄色变成红色。

▼红蜻蜓

棍腹蜻蜓

棍腹蜻蜓分布较广，一般生活在池塘、湖泊、江河和溪流附近。它们体型较大，腹部接近末端的一段膨大，使得腹部像根球棒似的。它们身体的颜色比较亮，多数由黑、黄、绿等颜色组合而成；2 只复眼离得较远。

棍腹蜻蜓一般在草木间交尾，把卵产在浅水中。其若虫生活在水底。

大蜓

大蜓主要生活在北半球靠近山和树林的溪流附近，或水池附近的开阔地上。它们的身体呈褐色或者黑色，有黄色斑纹，复眼接触于一点，腹部很长。

大蜓妈妈一般把卵产在流速缓慢的河流底部。若虫通常潜伏在淤泥或沙砾中，只把头和前足露出来，守株待兔，捕捉经过的猎物。它们往往要花几年的时间才能长大，而成虫却只能活几周。

▼大蜓

优雅的刀客——螳螂

YOUYA DE DAOKE—TANGLANG

昆虫王国里有这样一群佩戴双刀的刀客，它们疾恶如仇，一旦发现蚊、蝇、蝗等，立刻伺机上前，抽刀斩灭。说到这里，大家知道这些刀客是谁了吗？答案就是螳螂。

帅气的外表

螳螂外表精致整洁，它们有纤细优雅的身材、轻薄如纱的长翼、灵活的三角头……看上去十分文雅。

你可千万不要被螳螂的外表骗了哟，它们其实很霸道。螳螂的前肢呈镰刀状，有锯齿，平时向内折叠，看起来好像在行拱手礼。其实这是它们在等待捕猎机会呢。基本上所有的螳螂都会拟态，将自己与环境融为一体，一旦猎物出现，就会用锋利的前肢将猎物狠狠抓住，然后再一点儿一点儿地吃掉。

▲螳螂

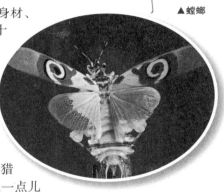

人类的好朋友

螳螂常见于田间、林间，生性好斗，同种族之间经常进行比武大赛，很多战败者都"丢盔卸甲"，失去了强有力的前肢。食物不够时，还会发生大螳螂吃小螳螂、雌螳螂吃雄螳螂的惨剧。不过，一旦人类有需要，螳螂就会立刻放下"私人恩怨"，共同帮人类朋友消灭害虫。

每年夏秋季节，田间害虫增多，螳螂就忙碌起来了。它们可消灭的害虫有数十种，常见的有蚊、蝇、蝗，以及蝶、蛾类的卵、幼虫、蛹、成虫等。

▶中华大刀螂

中华大刀螂

中华大刀螂，光听这个名字，人们就不由得肃然起敬。这种昆虫虽说名字中有"中华"二字，但并不是我国所独有的。除了我国安徽、江苏、北京、河北、福建、浙江、四川、广东、台湾、湖南等地，在日本、越南、美国等国家也能看到它们威武的身影。

中华大刀螂的成虫个头儿不小，身体呈暗褐色或绿色，头为三角形，复眼大而突出。它们喜欢阴凉，讨厌炎热。在炎热的夏天，它们常躲在树冠或杂草丛中休息。等秋季气温降低时，它们喜欢早晚待在向阳的树叶上。

中华大刀螂只吃活虫，会用有锯齿的前足牢牢钳住猎物。受惊时，振翅"沙沙"作响，同时显露鲜明的警戒色。

兰花螳螂

兰花螳螂不仅形态像兰花，而且颜色也与兰花类似，成虫大多是粉红色或白色的。不过出生不久的兰花螳螂是红黑相间的，在第一次蜕皮之后，才会转变为白色和粉红色相间的兰花体色。

兰花螳螂从出生就具有掠食本领。由于它们围绕着花朵生活，又喜欢守株待兔的捕猎方式，因此它们的捕猎对象大多与花有关，比如来采蜜的小蜜蜂、在花蕊间嬉戏的蝴蝶等。

▲兰花螳螂

幽灵螳螂

如果说兰花螳螂是螳螂中的"仙子"，那幽灵螳螂肯定是螳螂中的"魔鬼"了。

▼幽灵螳螂

▲幽灵螳螂

幽灵螳螂长得太丑了，身体像干枯卷曲的树叶一样。它们个头儿不大，却是优秀的猎手。平时，它们行踪诡异，吃得不多，也不爱主动进攻，喜欢等猎物主动上前受死。然而一旦决定进攻，它们就果断挥"刀"砍杀，毫不手软。

需要说明的是，幽灵螳螂"表里不一"，虽然外貌吓人，但心灵美好，和其他种类的螳螂一样，也是益虫。

柔弱的捕虫能手——草蛉

ROURUO DE BUCHONG NENGSHOU—CAOLING

▼草蛉

夏日炎炎，地里的庄稼长势正好，人们仿佛能看到秋天硕果累累的丰收景象。这时候，气势汹汹的蚜虫大军杀过来了。大军过境，玉米低下了头，黄豆弯下了腰，整片整片的庄稼都失去了勃勃的生机。农民伯伯急得直搓手，这可怎么办呢？这时候，草蛉来了，自告奋勇，说它们有办法对付那些可恶的蚜虫。农民伯伯看了草蛉一眼，不禁怀疑地摇摇头。草蛉究竟长什么样，让农民伯伯不敢相信它们呢？

柔弱的外表

草蛉体长 1 厘米左右，身材纤细，复眼炯炯有神且流转着金色的光泽，触角呈丝状。

草蛉身上最漂亮的部位是翅膀，宽阔而透明，分布着精致的网状脉。当草蛉停在草间休息时，翅膀覆在背上，如同一件薄纱斗篷；当草蛉飞舞时，翅膀在身体两侧轻柔扇动，如同飞天旋起的舞衣。

草蛉的卵也很柔弱，它们大多有一条长长的丝柄，一端固定在植物的枝条、叶片、树干等光滑处，另一端挂着椭圆形的卵。微风轻轻拂过，丝柄轻颤，如同花蕊一般美丽。几天后，草蛉幼虫就会从卵壳里钻出来，静静趴在卵壳上。渐渐地，等身体变硬了，变结实了，这些小不点儿就会顺着丝柄滑下来，开启自己的捕虫生涯。

▲草蛉的卵

强悍的捕食功夫

当草蛉对蚜虫大军展开攻势后，农民伯伯就乐得合不拢嘴了。大多数草蛉属于肉食性昆虫，喜欢吃蚜虫、介壳虫、红蜘蛛、棉铃虫幼虫、蛾卵等，少数草蛉成虫则以花蜜为食。

草蛉幼虫更是了不起，面对蚜虫时十分凶猛，这从它们的名字"蚜狮"就可以看出来。一旦发现前方有蚜虫，它们就会立即爬上前去，用上、下颚狠狠地夹住蚜虫，让消化液沿着上、下颚

▲草蛉幼虫捕猎

上的细沟流到蚜虫身上，溶解蚜虫的身体组织。而蚜虫的身体溶解成的溶液，会立即被蚜狮吸入腹中。

看到草蛉幼虫如此厉害，人们十分惊喜，便开始人工饲养草蛉，让它们大量繁殖，以防治棉铃虫、蚜虫等农业害虫，获得了不小的成效。

种类

草蛉种类虽多，但在中国常见的只有大草蛉、丽草蛉、叶色草蛉、多斑草蛉、黄褐草蛉、亚非草蛉、白线草蛉、普通草蛉和中华草蛉等。我们在野外看见的草蛉以绿色和褐色的居多。

蚜虫的天敌——食蚜蝇

YACHONG DE TIANDI—SHI YA YING

如果做一个最讨人厌的昆虫排名表，那么蝇类家族绝对会有大部分上榜。不过有一种蝇却和其他兄弟姐妹不同，它们不仅不会被讨厌，还会被亲切地冠以益虫的名誉，它们就是食蚜蝇。

外貌像黄蜂

食蚜蝇的外形很像蜂类家族中的黄蜂。成年的食蚜蝇体长可达4厘米，肚子上有黄色和黑色的斑纹，有的种类身体较宽，有的则很娇小；有的身体很光滑，有的身体长着绒毛。它们头部的触角很短，后背有一对膜状翅膀，腿和蜂类比起来较细。

▲食蚜蝇

生活习性多样

食蚜蝇喜欢阳光，它们在早春时出现，到春夏之交的时候大量繁殖，非常活跃。它们常常在花丛中飞舞，取食花粉、花蜜，并传播花粉，或吸取树汁。

它们之所以那么喜欢吃花粉，是因为成虫只有吃过花粉后才能发育繁殖，否则就不能产卵。幼虫孵化之后，或者啃食叶片或者捕食周围的蚜虫。因为种类很多，所以食蚜蝇的幼虫生活习性也很复杂。例如：腐食性种类以腐败的动植物为食，并在其中越冬；也有部分幼虫生活于污水中。此外，某些类群的幼虫生活在其他昆虫的巢内，吞食已死的幼虫和蛹以及某些动物的排泄物。

蚜虫杀手

蚜虫是地球上最具有破坏力的害虫，其中大约有 250 种是对农林业和园艺业危害严重的害虫。而食蚜蝇大部分种类的幼虫是蚜科、介科等同翅目害虫的天敌，在生物防治上是一股有效的力量。成虫在产卵的时候，通常都会把卵直接产在蚜群的附近甚至群中，这样幼虫一孵化出来，就可以很快地找到食物。据统计，每只幼虫到化蛹前能吃掉数百只蚜虫，它们可真能吃呀。

伪装大师

食蚜蝇绝对能算得上是昆虫王国中的伪装大师，它们本身无螯刺或叮咬能力，但为了自保，它们在体形、色泽上与黄蜂或蜜蜂相似，且能仿效蜂类做螯刺动作。有些体型较大的甚至能把自己装扮得和熊蜂很像，并且能发出蜜蜂一样的嗡嗡声。这样不仅能够躲过某些鸟类的捕食，还能吓跑自己的天敌。除此之外，食蚜蝇继承了蝇类家族高超的飞行能力，它们能够在空中悬停，或者突然作直线高速飞行而后盘旋徘徊。别小看这些技巧，它们常常能在危急关头救食蚜蝇的性命。

你知道吗

在全世界有 6000 多种食蚜蝇，我国已知有 300 余种。并不是所有种类的幼虫都吃蚜虫。事实上，有些种类的食蚜蝇幼虫并不吃蚜虫，而是待在植物上吃植物的叶片。

专注的采蜜者——熊蜂

ZHUANZHU DE CAIMI ZHE—XIONGFENG

蜜蜂向来都是勤劳的代名词，可是在蜂族中有一种蜂的勤奋和专注程度，就算是蜜蜂都比不过，堪称蜂族中名副其实的"劳动模范"。现在就让我们看看这位一直隐藏在幕后的劳模吧！它就是熊蜂。

△ 熊蜂

熊蜂的长相

　　熊蜂长得有点儿像蜜蜂，但相比蜜蜂娇小的身材来说，熊蜂的个头儿比较粗大，而且身上长着很多毛，大多数熊蜂的身体长 1.5 ~ 2.5 厘米，体色一般以黑色居多，并带有一些黄色或橙色的宽带斑纹，有较长的吻（口器）。熊蜂有很多种，分布在世界很多地区，在温带尤其常见。中国至少有 150 种熊蜂。

半社会性昆虫

　　熊蜂虽然也过群体生活，也分雌蜂、雄蜂和工蜂，但它们却不是纯粹的社会性昆虫。它们不像蜜蜂那样一个群落能延续好多年而不衰亡。事实上，熊蜂是介于独居蜂和社会性蜜蜂的中间状态，所以我们称它们为半社会性昆虫。它们虽然能够自发地组成一个以蜂后为核心的群体，但却不能长期延续这个群体。大多数的熊蜂群体只有一年的生命周期。通常都是在春暖花开的时候，越冬后的蜂后会出来

寻找适于做蜂房的地点，为了方便，它们通常都会选废弃的鸟巢或者老鼠洞。选好巢穴之后，蜂后一边采集花粉，一边产卵。接着工蜂最先孵化，然后负责清理巢房、储备蜂粮、调节巢房温度以及与蜂后共同照料子蜂。雄蜂出现较晚，专司交配，交配后几天就死掉了。新的蜂后长大后会飞离蜂群另找一个地方越冬，待来年开始营造属于自己的蜂群。而之前蜂群中的蜂后在秋天来临时停止产卵，随后随着冬天的到来，整个蜂群逐渐衰亡。

采蜜的优势

前面我们说过，熊蜂在采蜜方面要比蜜蜂更加高效和专注。下面我们就来看看它们采蜜有什么绝招儿吧。

首先在口器上，熊蜂具有比蜜蜂更长的吻，对于一些深冠管花朵，如番茄、辣椒、茄子等的花，蜜蜂的吻短，会有些力不从心，而熊蜂则会很轻松地采到花粉。其次，熊蜂的身体强壮，寿命长，飞行距离在 5 千米以上，对蜜源的利用比其他蜂更加高效。第三，熊蜂对外界温度的变化适应力强，在蜜蜂不出巢的阴冷天气，熊蜂却可以照常出巢采集花粉。最后一点，熊蜂的进化程度低，对于新发现的蜜源不能像蜜蜂那样相互传递信息，也就是说，熊蜂能专心地在温室内作物上采集花粉，而不会像蜜蜂那样从通气孔飞到温室外的其他蜜源上去。因此，熊蜂成为温室中比蜜蜂更为理想的授粉昆虫。

害虫终结者——赤眼蜂

警报！警报！玉米田里出现了很多玉米螟，这些害虫正在疯狂地对玉米植株进行啃食。农民伯伯赶紧去请求赤眼蜂支援。一段时间后，玉米螟被消灭了，赤眼蜂又立了大功。

▲赤眼蜂

赤眼蜂的长相

　　赤眼蜂是属于膜翅目的一种寄生性昆虫，从名字上我们就能看出来，它们的眼睛是红色的。赤眼蜂成虫体长 0.36 ~ 0.9 厘米，触角短，翅膀为膜质，翅面上有纤毛，有些种类翅面上的纤毛排成若干毛列。赤眼蜂腹部与胸部相连处宽阔，产卵器不长，常不伸出或稍伸出于腹部末端。

　　赤眼蜂科约 7 属，40 种，均为卵寄生，分别以鳞翅目、同翅目、鞘翅目、膜翅目、双翅目、脉翅目、蜻蜓目、缨翅目、直翅目、广翅目等昆虫卵为寄主。成虫交配后，雌蜂把受精卵产在寄主的卵内。随后，幼虫在寄生卵内孵化，然后把寄生卵的卵黄吃掉，一段时间之后，结成蛹，羽化后咬破寄主卵壳，外出自由生活。

神奇的繁殖技巧

看到这里，也许你会产生这样的疑问，赤眼蜂是如何准确地找到适合寄生的卵呢？原来，害虫在产卵时会释放一种信息素，赤眼蜂能通过这些信息素很快找到害虫的卵，它们在害虫卵的表面爬行，并不停地敲击卵壳，快速准确地找出最新鲜的害虫卵，然后在那里繁殖。赤眼蜂在寄生卵内 25 ℃恒温下，发育历期 10 ~ 12 天，卵期 1 天，幼虫期 1 ~ 1.5 天，预蛹期 5 ~ 6 天，蛹期 3 ~ 4 天。30℃恒温时历期仅 8 ~ 9 天。

赤眼蜂由卵到幼虫，由幼虫变成蛹，由蛹羽化成成虫，甚至连交配、怀孕，都是在卵壳里完成的。一旦成熟，它们就破壳而出，然后再通过破坏害虫的卵繁衍后代。

除害能手

赤眼蜂是世界上应用于农林害虫生物防治最广泛的一类寄生蜂，特别是在抑制许多鳞翅目害虫的大量繁殖时，赤眼蜂起着十分重要的作用。用赤眼蜂寄生产卵的特性防治农业害虫，对环境没有任何污染，既保证人畜安全，还能保持生态平衡。可谓一举多得。事实上，早在 20 世纪初期，美国就开始应用赤眼蜂防治各种害虫，效果非常出色。我国在应用赤眼蜂防治玉米螟等害虫领域也取得了显著的效果。

Chapter 3
第三章
臭名昭著的害虫

害虫声讨会

HAICHONG SHENG TAO HUI

"最佳益虫奖"颁奖晚会结束后，昆虫王国准备再举行一次"最可恶害虫声讨大会"，讨伐那些给昆虫王国带来负面影响的害虫。可究竟哪些种类的昆虫算是害虫呢？

害虫的标准

▲蝗虫

此次声讨大会声讨的害虫专指对人类有害的昆虫。可是很多昆虫既做好事，也做坏事，到底算不算害虫呢？大家整整讨论了一天，也没讨论出一个结果。最后，还是趴在角落里的七星瓢虫发话了："很多昆虫都有两面性，既做好事，也做坏事。所以，去找那些坏事做得多、好事做得少或从不做好事的昆虫吧。"

大家听了七星瓢虫的话，都深表赞同。于是，昆虫王国开始了一轮"搜捕害虫"运动，标准就是：对人类有害，且害大于益。

对农业有害的害虫

最先被声讨的害虫是那些破坏农作物的家伙。豆娘代表指出："世界上危害玉米的昆虫有200多种，危害苹果树的昆虫有400多种……这些家伙简直是'无烟的火灾'，常常导致农作物歉收、绝收。

"人类对这些害虫恨之入骨，根据作案方式的不同，将它们大致分为4类。

"食叶类害虫——一般取食植物叶片，常常吃光整片农作物的叶子，严重影响农作物正常生长。

"刺吸式害虫——这类害虫大多个体小、数量多，喜欢群居在植物的嫩枝、嫩叶、芽、花蕾、果实等上，汲取汁液，掠夺植物的营养，导致枝叶卷曲、花朵残败，严重的会导致整株植物枯萎或死亡。园林植物最害怕这类害虫。

"蛀食性害虫——这类害虫大多是幼虫阶段作案，而且是隐蔽作案。它们专门蛀食植物枝干，在植物内部形成交错纵横的虫道，破坏输导组织，导致植物枯萎或者死亡。

"地下害虫——这类害虫生活在土壤里，取食刚发芽的种子，苗木的幼根、嫩茎和叶部幼芽等，使种子、苗木不能正常生长。"

▼角蝉

传播病菌的昆虫

天蚕代表发言："还有一类昆虫也进入了害虫榜，即传播病菌的昆虫。这类害虫通过吸血、产卵、排泄粪便等方式传播病菌，导致人、畜生病，甚至死亡。最常见的就是苍蝇、蚊子、虻等。一只苍蝇可携带、传递的细菌有数十种，可导致多种疾病发生。"

▼被毛虫侵害的树叶

穿"毛衣"的害虫——松毛虫

夏天到了，毛毛虫又现身了。一说起毛毛虫，很多女孩子就会浑身起鸡皮疙瘩，甚至见到毛毛虫还会惊恐地大声叫喊。女孩子为什么会这么怕毛毛虫呢？一起来了解一下吧。

长得有些难看

有一种毛毛虫的学名叫松毛虫，它是鳞翅目昆虫的幼虫，生活在松树上。它们长得有些难看，身体软乎乎的，爬行的时候一耸一耸的，常成群结队地出现。

▲松毛虫的成虫

松毛虫还是卵时大多呈黄色、淡绿色、紫褐色等，孵化后就会变为棕红、灰黑等色，身上长有花斑。从小到大，松毛虫都披着一件"毛衣"，将自己从头到尾捂得严严实实的。这些"毛衣"样式、颜色不一，有的毛很长，有的毛很短；有的是白色，有的是黑色，还有的是棕色。不要小瞧这件"毛衣"，"毛衣"含有很剧烈的毒，接触水源，就会污染水源；触及人体，就会使人的皮肤红肿，甚至溃烂。

列队出行

一只松毛虫就能让人心生恐惧，那一队松毛虫呢？这些长相恐怖的家伙最喜欢列队出行。它们的队伍非常有意思，都是后面一只的头部顶着前面一只的尾巴，一只一只地排下去。排在最前面的那只负责探路，带领整支队伍井然有序地匀速前进。这个领路者具有绝对权威，即使它不停地在原地绕圈，队伍也会毫无异议地跟着它，绝对没有叛逃出队者。

当松毛虫遇上灰喜鹊

　　松毛虫是有名的害虫，它们常把松叶吃光，造成松树成片死亡。据观察统计，100 多只松毛虫可以在 2 个星期内把 1 棵枝繁叶茂的松树吃成"光杆儿司令"。我国已知有 20 多种松毛虫，其中经常造成大面积灾害的有马尾松毛虫、油松毛虫、赤松毛虫、落叶松毛虫、思茅松毛虫和云南松毛虫等。

　　松毛虫如此嚣张，让正义的灰喜鹊非常生气。为了不被毒毛刺伤，灰喜鹊捉到松毛虫后，会先把它们扔在石头上，将毒毛蹭去，然后再用利嘴将松毛虫啄成碎块慢慢享用。遇到这么聪明的鸟，松毛虫就算有三头六臂，也在劫难逃。据统计，1 只灰喜鹊 1 年能吃掉 1 万多只松毛虫，是对松树贡献最大的鸟。

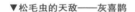

▼松毛虫的天敌——灰喜鹊

▲松毛虫的成虫

"嗡嗡嗡"的吸血鬼——蚊子

炎热的夏天，人们最期待傍晚的到来。太阳下山后，空气里有了一丝凉意，在屋里躲了一天的人们急忙走到室外，想吹吹凉风，舒坦一下。不承想，"嗡嗡嗡"的蚊子却开足马力飞了过来，追着人们吸血。

娇小的身材

蚊子是人们最讨厌的昆虫之一。它们身体细长，6 条腿也细细长长的，体长一般不超过 1.5 厘米，前翅透明，后翅已经退化为平衡棒。不要小瞧蚊子那对小小的前翅，它们每秒能振动好几百次呢，这种高频率的振动让它们飞行的时候发出"嗡嗡嗡"的声音。

讨厌的吸血鬼

蚊子有一个长长的刺吸式口器，是它们刺吸血液或草木汁液的利器。潮湿的草丛、阴暗的石缝等处，都有蚊子的身影。一旦有人或恒温动物出现，它们会立刻追上去，用尽全身力气刺入目标的皮肤，饱吸一顿热血。被蚊子叮咬之后，皮肤会红肿、发痒，甚至溃疡，让人苦不堪言。人们对蚊子恨得牙根痒痒，为消灭它们，轮番使用蚊香、杀蚊喷雾剂、电蚊拍等杀蚊武器。需要说明的是，这些在夏秋

▲雌蚊

▼蚊子

季节令人困扰不堪的蚊子都是雌性的。

雌蚊子吸血是为了促进卵巢发育，产下后代，这是做妈妈的一片苦心，但它们传播疾病就太不应该了。蚊子携带多种病菌，是登革热、疟疾、黄热病、丝虫病、流行性乙型脑炎等疾病的主要传播者。

和雌蚊子不同，雄蚊子对血液没兴趣，它们喜欢吃植物的汁液和花蜜。

▲雄蚊

短暂的一生

蚊子属于完全变态昆虫。雌蚊子将卵产在水边、水面或水中后，没多久，蚊子的幼虫孑孓就出生了。孑孓生活在水中，以细菌和单细胞藻类为食，先蜕皮，然后化蛹。经过几天的蛹期，蚊子成虫就出世了。

蚊子成虫的使命是产下后代，所以它们飞出水面后的第一件事就是寻求伴侣交配。交配后，雄蚊子能活 1 个星期左右，雌蚊子至少能活 1 个月。

"冬眠"

一般蚊子在每年 4 月开始出现，秋天天气变冷时，就会停止繁殖，大量死亡。不过有些会在墙缝、衣柜背后、暖气管道内躲起来，这样既可以保暖，又能降低新陈代谢速度，有点儿像冬眠。

肮脏的代表——蝇

ANGZANG DE DAIBIAO—YING

除了一些洁身自好的种类，如食蚜蝇，蝇家族成员大多很令人讨厌。每年天气转暖的时候，它们就从角落里飞了出来，有的在腐烂的水果旁盘旋，有的在污水沟边休息……几乎在世界上任何一个脏乱的角落里，人们都能见到它们的身影。

蝇的形态

　　蝇是双翅目昆虫，种类很多。它们大小不一，一般为 6 ~ 7 毫米，有的呈灰、黑灰、黄褐、暗褐等色，有的呈蓝绿、青、紫等带有金属光泽的颜色。前翅膜质，透明，有翅脉；后翅退化成平衡棒。腹部圆筒状，末端稍尖。

　　蝇的头部呈半球形，上面有 3 个单眼。蝇的复眼很大，通常雄蝇的复眼间距较窄，雌蝇的复眼间距较宽，少部分种类的雄蝇和雌蝇复眼间距相等。

　　不同种类的蝇，口器也不一样。非吸血性蝇类的口器为舐吸式，可伸缩折叠，便于直接舐吸食物；吸血性蝇类的口器为刺吸式，这类蝇的唇瓣退化，喙齿发达；还有一类不食蝇，口器退化，不进食。

　　很多蝇的模样都差不多，究竟该怎样区分它们呢？蝇的胸部背板上长有很多细小的鬃毛，这些鬃毛的排列方式因种类不同而不同。另外，蝇的胸部

◀蝇

背板上还长有不同的斑纹，这也是区分蝇不同种类的一个依据。

蝇的一生

　　蝇是完全变态昆虫，一生要经历卵、幼虫、蛹、成虫4个阶段。蝇的卵呈乳白色，0.1厘米左右长，细长略弯，常常几十粒乃至几百粒堆在一起。蝇的幼虫就是我们常说的蛆，多数为圆柱状，头部略尖，尾部钝圆，体色多为乳白色。经过几次蜕皮后，幼虫爬进疏松的土壤内，身体收缩变硬，进入化蛹阶段。一般经过1个星期左右，蝇的成虫就能破蛹而出。有趣的是，某些雌蝇并不产卵，而是将卵留在肚子里孵化成幼虫，然后直接产出幼虫。

蝇的生活环境

　　不同种类的蝇生活在不同的环境中，人们据此将那些讨厌的蝇大致分为以下几类：人粪类、畜禽粪类、腐败动物质类、腐败植物质类和垃圾类。

　　大多数蝇的生活环境又脏又乱，其本性又追腥逐臭，导致它们携带着大量病菌，尤其是它们的足部爪垫上面那满满的能分泌黏液的纤毛，携带的病菌最多。生活在蝇类滋生的环境中，人们患上痢疾、霍乱、伤寒、结核病等疾病的概率就会大大增加。

家畜最讨厌的昆虫——虻

夏 天一到，"吸血鬼"纷纷来报
到。你看那草丛中的大白马，一
边忙着嚼青草，一边忙着用拂尘般
的尾巴在身上东抽一下、西甩一下的。
白马在抽啥呢？虻。

又见"吸血鬼"

▲虻

一直以来，我们都以为蚊子是昆虫中最厉害的"吸
血鬼"。殊不知，强中更有强中手，虻吸起血来，可比蚊
子狠多了。据调查，1 只普通的虻 1 次能吸血 20 ~ 40 毫升。

虻是一种中大型昆虫，体形粗壮，呈长椭圆形；头部宽大，几乎与胸部等宽；
触角短短的；复眼呈黑绿色；翅膀宽且透明，翅脉清晰。从整体上看，虻好像是放
大版的苍蝇。不过，虻的复眼与苍蝇的不一样，雄虻的复眼是相连的，雌虻的复眼
是分开的。

虻的飞行能力很强，飞行时会发出又快又急的"嗡嗡"声，听起来好像找不
到头绪、四处乱飞似的。因此，人们又称它们为"瞎虻"。实际上，虻一点儿也不
"瞎"，总是能很快发现目标，并不顾一切地叮上去。

吸血工具

虻和蚊子一样，雄性吸食植物汁液或花蜜，雌性才吸血。捉来 1 只雌虻，用
放大镜观察它的口器，你会发现这简直是天生的吸血利器！雌虻的口器十分发达，

上、下颚与口针锋利得如同刀片和尖锥，在动物皮肤上轻轻一划，血珠子就渗了出来。就连最坚韧的兽皮，都抵挡不住这个利器的"进攻"。

虻的唇瓣上有一个拟气管，是它们吸血的吸管。血珠子刚渗出来，虻就利用拟气管"刺溜"一下吸进肚去。血再渗出，虻再吸入。如此反复，直到虻吃饱为止。

虻在这些吸血工具的辅助下，成为恶贯满盈的畜牧业害虫。哪儿的牲畜多，哪儿就有它们的身影。牲畜被虻叮咬后，患处红肿疼痛，痛苦不堪，奶牛甚至会因此而产奶量降低。虻还传播病菌，导致野兔热、炭疽病、马传染性贫血病等恶性疾病的发生。

魔鬼中的天使

并不是所有的虻都以吸血为生，有些虻也有善良的一面。中华盗虻就偏好吃小昆虫，如椿象、隐翅虫等。中华盗虻捕猎时"快、狠、准"，足部灵活有力，布满尖锐的小刺，可以牢牢抓住猎物。抓到小昆虫后，中华盗虻会将消化液注入昆虫体内，待昆虫内脏化成液体后再吸入腹中。

群集成"云"——蝗虫

QUN JI CHENG "YUN"—HUANGCHONG

如果要给害虫们制定一个破坏力排行榜，我们蝗虫肯定会高居榜首。这次声讨大会我们就被批判啦，可是我们"虫多势众"，根本不在乎。

给我们画像

哼哼，人类可真"贴心"，给我们起了这么多名字，如蚂蚱、蚱蜢、草螟等。我们的体色通常为绿色、灰色、褐色或黑褐色；口器坚硬，为咀嚼式；触角较短；前胸背板非常坚硬，向左右延伸到两侧；中、后胸固定在一起，不能活动。前翅又窄又硬，后翅宽大而柔软，呈半透明状，飞行能力很强。腿很发达，尤其是后腿的肌肉十分有力，再加上外骨骼坚硬，所以跳跃本领十分高强。

有的也吃肉

我们大多数以啃食植物叶片为生，最喜欢吃禾本科植物，是著名的农业害虫。也有一些家族成员觉得光吃植物太没营养，所以它们也吃其他昆虫的尸体，饿极了，连同类也不放过。

罪行大记录

也不知哪个益虫说过："在所有的害虫中，蝗虫的罪行罄竹难书。"走着瞧，我马上叫来同族把这场该死的声讨大会搅黄了！虽然我们蝗虫个体战斗力一般，但我们集合起来，就像一片乌云，在百米之外都能听见我们啃食庄稼的声音。我们过境，总能严重危害农作物的生长，减少农作物的产量。

古今中外，我们泛滥成灾的事例真是太多了。1957年，非洲索马里曾爆发了一次声势浩大的蝗灾，为害的蝗虫达160多亿只，总重5万吨。我们的那些前辈每天都要吃掉5万多吨的绿色植物！现在，国际上每年都要拨巨款来与我们而战，人类作战的手段有火攻、飞机洒药、细菌病毒攻击……人类多多少少也取得了一些成效，但还是不能彻底战胜我们。

哎哟，好痛！光顾着炫耀了，我的脚被咬伤了，而且是被亲兄弟咬的！唉，帮凶多了也不是好事，一旦我们缺乏食物，就会自相残杀。

蝗虫的天敌们

除了治蝗专家们的各种灭蝗手段，讨厌的蛙类和鸟类也是灭蝗主力军。这两类动物可都是我们的天敌呀！尤其是蛙类，它们与我们生活在相同的生态环境中，却总是想方设法地制约我们繁衍生息。在鸟类中，食蝗最多的是燕鸻、白翅浮鸥、田鹨、粉红椋鸟等。

在天敌面前，我们的日子曾经苦不堪言，但那都是过去的事了。说起来，还得感谢人类，人类破坏环境，肆意捕捉蛙类和鸟类，使得这两类动物的数量不断减少，希望他们继续这么干下去！

最会伪装的害虫——竹节虫

ZUIHUI WEIZHUANG DE HAICHONG—ZHUJIECHONG

夏 季天气太热了，到竹林里凉快一下吧。嘿，这段竹枝翠绿翠绿的，真好看。"啪嗒"，竹枝竟然掉下来了！这是怎么回事？只是用手指轻轻碰了它一下而已呀。原来，那不是竹枝，而是竹节虫。

▲竹节虫

纤细的身材

竹节虫是中大型昆虫，身体细长，有分节，体长 1 ~ 3 厘米，最长的可达 26 厘米；体色多为绿色或褐色；头小小的，略扁；丝状的触角总是向前伸直；6 条腿细细长长的，似乎一碰就断，却能牢牢抓住树枝；前翅革质，后翅膜质，某些种类没有翅膀或者退化得只有 1 对翅。并不是所有的竹节虫都有纤细的身材，少部分竹节虫的身体是宽扁状的，腿也是宽宽扁扁的，看起来像被碾压过似的。

竹节虫的长相与树枝相似，尤其像竹枝。它们将 6 条腿紧紧靠在身体两侧时，就跟竹枝没什么两样。"竹节虫"的名字便由此而来。

伪装大师

　　竹节虫很会模仿植物形态，其体色还会随着光线、湿度、温度的变化而变化。白天，它们一动不动地躲在树叶上休息，还将自己的体色调节成绿色；夜晚，天色变暗，气温降低，竹节虫就将体色调节成黑褐色，然后小心翼翼地去觅食。

　　竹节虫胆子特别小，即使有了能变色的"外衣"，它们还是担心被鸟类、蜘蛛等吃掉。于是，它们又给自己配备了"闪光弹"。当竹节虫受惊飞起时，会瞬间释放耀眼的彩光，迷惑天敌。当天敌反应过来的时候，它们已经收拢翅膀，逃到安全的地方了。实在逃不掉，竹节虫还会掉落在地上装死。

　　因为具有高超的伪装本领，竹节虫得到了很多人的热情赞美。但它们根本不配得到人类的赞美，因为它们是著名的森林害虫，总是趁着黑夜降临的时候啃食树叶。很多树木因此变得枝叶凋零，伤痕累累。

没有爸爸

　　大部分竹节虫没有爸爸，只有妈妈，这是为什么呢？因为在整个竹节虫家族中，雄性竹节虫数量较少，雌性竹节虫数量较多，雄性没办法和每一个雌性交配。于是，雌性竹节虫就进化出自己产卵的本事。不过，没有和雄性交配过的雌性竹节虫，产出的卵也多发育为雌虫。

打不死的"小强"——蟑螂

"小强"是蟑螂的代名词。随着时间的推移,"小强"已经衍生出"坚强""打不死""不屈不挠"等含义,与关汉卿笔下那"响当当一粒铜豌豆"有异曲同工之妙。那么,蟑螂究竟有哪些特点呢?

蟑螂简介

蟑螂又叫偷油婆、黄婆娘等,中等大小,身体扁平,呈黑褐色。蟑螂的头小巧而灵活,长长的触角呈丝状,2只圆鼓鼓的复眼炯炯有神。蟑螂的翅膀很大,几乎裹住了整个背部,但蟑螂并不擅长飞行,一般只能迅速地跑;某些种类的蟑螂没有翅膀。

打不死的"小强"

蟑螂是地球上最古老的生物之一,曾与恐龙生活在同一时代。它们的生命力非常顽强,在极端恶劣的环境中也能生活得游刃有余。有生物学家推测:假如有一天发生了全球核战,其他生物消失殆尽,蟑螂也能存活下来。因为蟑螂能承受超强的核辐射量。

四大害虫之一

有人烟的地方,就有蟑螂的身影。它们白天躲在缝隙里,夜晚跑出来大肆

◀蟑螂

破坏,面包、米饭、书籍、棉衣、皮革、油脂等,只要能咬得动的物体,它们都不放过。如果人们吃了蟑螂咬过的食物,很可能感染疾病。如今,蟑螂这种"移动病源"已经被列为"四大害虫"之一了。

植物杀手——蚜虫

ZHIWU SHASHOU—YACHONG

现在要声讨的害虫是蚜虫。七星瓢虫已经怒气冲冲地准备进攻了，但是一向受人尊敬的蚂蚁却马上出来劝阻，还为蚜虫说好话。这是为什么呢？

被蚂蚁保护的丑八怪

蚜虫主要生活在温带和亚热带地区。它们长成这个样子：身体又小又软；触角有 4 ~ 6 节；翅膀有 2 对，有的没有翅膀；腹部有 1 对管状的腹管，用以排出可迅速硬化的防御液，腹部的基部粗，越向上越细；表皮光滑，上有斑纹；体毛尖锐。别看蚜虫无论心灵还是外表都那么丑，它们还有自己的"保镖"呢！它们的"保镖"就是蚂蚁，因为蚂蚁贪图蚜虫分泌的含糖分的蜜露。

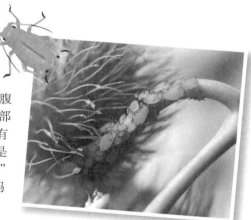

▲蚜虫

植物间的瘟神

蚜虫是粮、棉、油、麻、茶、烟草和果树等经济作物的害虫。在寻找寄主植物的过程中，它们要反复转移尝食，也借此传播了许多种植物病毒。同时，它们分泌出的一种透明黏稠物，能阻滞叶片等的生理活动。更为严重的是，它们常以群集的方式来伤害嫩叶、嫩枝和花蕾，吸吮其汁液，严重时会导致植株枯萎、死亡。

你知道吗

蚜虫繁殖得很快，一年就能繁殖 10 ~ 30 个世代，为世代重叠的大家族。只要连续5天的平均气温稳定上升到12℃以上时，它们便开始繁殖。在早春和晚秋，由于气温较低，它们需10天完成1个世代；而在温度较高的夏季，它们完成1个世代只需4 ~ 5天。

昆虫"掘土机"——蝼蛄

KUNCHONG "JUETUJI"—LOUGU

在我国东北农村，孩子们最喜欢这样一种玩具：这种玩具会飞，会跑，会叫，还会掘土挖洞。孩子们和这种玩具玩上一天也乐此不疲。不过，有时候小孩子也会被玩具弄哭，因为玩具的前足强劲有力、足尖锋利，能轻易刺破小孩子娇嫩的皮肤。

究竟是什么玩具让孩子们又爱又恨呢？

▲蝼蛄

昆虫"掘土机"

孩子们又爱又恨的玩具其实是一种昆虫，学名蝼蛄，又叫土狗、蜊蜊蛄，是一种大型昆虫，属直翅目。其身体呈圆柱状，黑褐色，全身披有绒状细毛，头部尖，触角短，前翅短。

蝼蛄生活在地下的洞穴中。它们的洞穴全靠强有力的前足来挖掘。蝼蛄的前足又粗又短，呈三角状，足尖如同利刺，非常适合挖掘；内侧有一条裂缝，是蝼蛄的"耳朵"。蝼蛄的"耳朵"很厉害，能通过地面的震动"听"到外界的情况，一旦"听"到危险临近，它们就会溜之大吉。

蝼蛄是不完全变态昆虫，多在夜间活动，白天偶尔出现，喜欢生活在沿河、池塘、沟渠附近。成虫与若虫都会游泳。雄性蝼蛄摩擦翅膀，能发出"唧唧"的鸣声；雌性蝼蛄不会发声。

千奇百怪

在南美茂盛的热带雨林里，生活着许多色彩斑斓的毛毛虫。毛毛虫身上长了很多带毒的毛刺。碰触这些毒毛刺可不是明智之举，如果毛刺扎进人的肌肤，伤者就要饱受疼痛折磨。所以很多捕食者即使看到了这些彩色的猎物，也不敢去捕捉。

母爱如山

很多昆虫妈妈产下卵之后，就只顾自己玩乐，根本不管孩子。蝼蛄妈妈可不是这样的，它们很会照顾孩子。

蝼蛄妈妈一生能产下 80 ～ 800 粒卵。每次产卵前，它们都要挖掘出一个专门的卵室；产卵后，它们还会用杂草堵住卵室门口，并细心打理杂草，保证卵室内气流畅通。有的蝼蛄妈妈担心若虫出生后没有食物，还会在卵室周围储存一些植物根茎。

在蝼蛄妈妈打造的温馨卵室内，乳白色的卵开始了孵化生涯。

蝼蛄的危害

蝼蛄喜欢挖洞。在挖洞的过程中，它们会毫不犹豫地清除障碍。如果是新播种的种子，它们会将其啃食得残缺不全，致使种子无法发芽；如果是幼苗，它们会咬断嫩茎，致使幼苗根部透风，与土壤分离，最后因缺水干枯而死；如果是成熟植物，它们就将植物的根咬成丝状，致使植物无法吸收营养，发育不良。

目前，人类已采用农业防治、灯光诱杀、人工捕杀和药剂防治等手段来防治蝼蛄。

▶ 被蝼蛄破坏的植物的根

飞舞的讨厌鬼——蠓

FEIWU DE TAOYAN GUI—MENG

夏天的傍晚，如果路过草丛或者水洼的旁边，经常能看到一团细小的黑色虫子在半空中飞舞不休，这些就是蠓，俗称"小咬"，是一种非常讨人厌的害虫。

最小的吸血虫

蠓是人类已知的身体最小的吸血昆虫，究竟有多小呢？最小的只有 1 毫米长。蠓全身呈黑色或褐色，头部呈球形，有一对发达的复眼，两条丝状触角，一般为 15 节。它的口器为刺吸式的；翅膀膜质，又短又宽，有斑点花纹；足部细长。

蠓类昆虫种类繁多，全世界已知 4000 种左右，我国有近 600 种，可见其家族的庞大。

吸血有偏好

和蚊子相同，只有雌性的蠓才吸血，雄蠓以吸食植物汁液为生。值得一提的是，雌蠓还非常挑食。有些种类的雌蠓喜欢吸食人血，有的则偏爱禽类，还有的喜欢牛马等牲畜的血。蠓并不是所有时间都吸血，绝大多数种类的蠓把吃饭的时间安排在黎明和黄昏，就好像我们早上起来要吃早饭，晚上要吃晚饭一样。值得庆幸的是，还好它们不吃午饭，否则我们就连中午也会被叮咬了。

▼毛蠓

滋生在阴暗潮湿处

蠓是完全变态的昆虫，一生包括卵、幼虫、蛹和成虫4个阶段。因种类、气候和环境不同，有的种类可繁殖1～2代，也有的可繁殖3～4代。由于蠓卵在干燥环境中极易干瘪而不能孵化，所以，雌蠓将卵产在湿润的场所，孵化之后的幼虫会生活在荷花田、稻田、水塘、水沟、树洞等处的积水中，有的生活在腐败有机物或被粪便污染的土中、腐败的树叶中。一般在急流、干燥和日光曝晒处无蠓滋生。幼虫在水中的活动轨迹类似蛇形。当其在水面受惊动后，会立即沉入水底，钻入泥中。大约经过一个月的时间，幼虫会钻进泥土里化蛹，再经过7天左右羽化成蠓。

长得小，危害大

别看蠓长得小，但它们对人类的危害却相当大。蠓吸食人血，被刺叮处常有局部反应和奇痒，甚至会引起全身过敏反应，更主要的是蠓能传播多种疾病。但因为蠓种类多、数量大、滋生地广，要全面消灭其滋生环境比较困难。因此，必须结合实际情况和具体条件进行综合防治。改善环境卫生，消除蠓滋生条件，消灭蠓的滋生场所，同时采取物理或化学的防治方法杀灭蠓的成虫和幼虫，可以取得较好的防治效果。

裹着面粉的害虫——粉虱

GUOZHE MIANFEN DE HAICHONG—FENSHI

每年的 9 月，在长江以南的一些地区，若是阳光和煦、微风习习，人们总会在空气中看到三五成群的白色小虫，它们就是粉虱，是一种对农作物危害很大的害虫。

▼粉虱

身上沾满"面粉"

粉虱是同翅目下的一种昆虫，分布在全世界，约有 1000 多种。在昆虫王国中，它们的身体娇小，就算是成虫，体长也不到 4 毫米。它们的外形像小蛾子，身上沾满了面粉状的细小颗粒，就好像刚刚从面粉口袋里爬出来一样。它们的名字也是由此而来。

粉虱是过渐变态昆虫，一生经历卵、若虫、成虫 3 个阶段。粉虱的雌雄成虫都长有翅膀，雌虫产的卵具有卵柄，可以把卵柄插在植物叶片的背部，这样卵就能附着在植

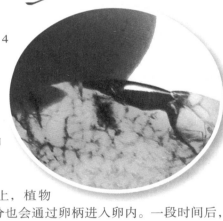

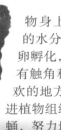

物身上，植物的水分也会通过卵柄进入卵内。一段时间后，卵孵化，若虫从里面爬出来。这个时候的若虫有触角和足，能爬行，它们会选择一处自己喜欢的地方，然后就牢牢地挂在那里，把嘴巴插进植物组织内，吸食汁液。几天后，若虫变成拟蛹，努力地褪去若虫的样子，变成成虫。这个时候它们的翅膀还未发育完全，所以不能飞，不过却能够很敏捷地爬行，等翅膀发育完全后，它们就飞走了。

繁殖能力强

粉虱的繁殖能力很强，它们喜欢温暖的环境，温度越是适宜，它们的繁殖能力就越强，生长周期也会变短。一年可以世代更迭几十次，在北方的温室中，大约 30 天就能完成一个世代，雌虫一次能产卵几百枚。

危害性大

因为粉虱的繁殖能力强，所以它们对农业的危害也非常大。国际上的一些农业组织已经把它们列为危害最大的入侵物种之一，它们对许多农作物都能造成毁灭性的危害。粉虱的食谱很广泛，几乎什么植物都吃，瓜类作物、茄科作物、十字花科作物、豆科作物等都是它们喜欢吃的美食。若虫通常一群一群地聚集在叶片的背面，疯狂地吸食植物体内的汁液，被残害的叶片会出现黄白斑点，严重时会变白掉落，严重影响植物的生长。

不过粉虱成虫有个弱点，它们一看到黄色，特别是橙色的东西就会被牢牢地吸引住，无论怎样都无法逃开，所以在出现粉虱的农田里，可以放置黄板诱杀成虫。

披甲的害虫——介壳虫

PIJIA DE HAICHONG—JIEKECHONG

古代，参加战争的士兵都在身上穿着铠甲，这样可以避免被敌军的弓箭射。在昆虫王国中有一种虫子也喜欢披着一身蜡质的铠甲，它们就是介壳虫。

▲介壳虫

作物破坏者

介壳虫是同翅目昆虫，雌虫无翅，足和触角均退化；雄虫有一对柔翅，足和触角发达，口器为刺吸式。它的体外被有蜡质介壳，卵通常埋在蜡丝块中、雌体下或雌虫分泌的介壳下。

介壳虫和菜蚜一样是侵害农作物的害虫，不过相对菜蚜喜欢蔬菜来说，介壳虫更偏爱树木。它们通常寄生在松树、相思树、竹子等植物上，柑橘和柚子树是它们最喜欢吃的树木。

介壳虫的嘴像针管一样，刺进植物的枝条或者叶片内，然后疯狂地吸食植物体内的汁液，破坏植物组织，引起组织褪色、死亡；它们还能分泌一些特殊物质，使植物局部组织畸形或形成瘿瘤；有些种类还是传播植物病毒的重要媒介。介壳虫对植物危害非常严重，特别是当它们大量出现时，密密麻麻地趴在叶片上，严重影响植物的呼吸和光合作用。有些种类还排泄"蜜露"，诱发黑霉病，危害很大。

混乱的繁殖方法

介壳虫雌虫和雄虫的发育过程不同，雌虫经历卵、若虫、成虫3个阶段；而雄虫在若虫阶段多经历一个"拟蛹"龄期。为什么雄虫要比雌虫多1个龄期呢？这是因为雄虫比雌虫多一对翅膀。

介壳虫的不同种类间，繁殖能力有高有低，有的种

类一次产卵数千枚，有的则最多只能产几百枚。介壳虫的产卵方式很独特。盾介产卵于介壳下，随着产卵，虫体向介壳头端收缩，腾出空间用于贮存卵；蜡介则产卵于身体下面，随着产卵腹面体壁逐渐向内凹陷，空出位置贮存卵。

另外值得一提的是，介壳虫的繁殖方式比较奇怪。如梨圆介在产卵过程中，由于卵的发育速度较快，在母体的输卵管中就已经孵出，因而母体产下的是若虫，这种生育方式被称为卵胎生。多数介壳虫产的卵须经1～2周方能孵化。

天敌多

介壳虫对农作物危害很大，不过好在它们的天敌也很多，大多数的捕食性昆虫都是它们的天敌。天敌一多，它们的数量就会受到控制，它们的危害就被间接地抑制了。

你知道吗

介壳虫非常懒，很少挪动，它们从一进食开始，就把它们的嘴刺进树木的叶片或枝条里，然后一直都不拔出来。

危害梨树的害虫——梨实蜂

WEIHAI LISHU DE HAICHONG—LISHIFENG

如果你在梨园里漫步，会发现梨树上有很多叶子被切掉了，只留下一些受伤的叶柄，导致梨树的部分枝叶光秃秃的，非常丑陋。这是哪个坏蛋干的呢？它为什么要这样做呢？是因为好吃，还是因为好玩儿呢？原来，罪魁祸首就是梨实蜂。

梨实蜂的特征

梨实蜂属于膜翅目，又叫折梢虫、切芽虫、花钻子等，成虫体长约 5 毫米，翅展 11～12 毫米，身体呈黑褐色，触角为丝状，翅膀淡

黄色且透明，雌虫具有锯状产卵器。梨实蜂的卵呈长椭圆形，白色半透明；幼虫体长 8 毫米左右，头部呈橙黄色或黄色半球形，胸足 3 对，腹足 8 对。蛹为裸蛹，长约 4.5 毫米，宽约 2 毫米，初为白色，后期变为黑色。

梨实蜂喜欢切树叶，梨树上那些被割掉的叶片都是它们切的。这是因为它们在产卵，通常情况下，它们用锯齿状的产卵器割断叶片，然后把产卵器插进断

口里，再把卵产进去。

对梨树情有独钟

梨实蜂一年只能繁殖一代，和其他害虫广泛取食植物不同，它们非常挑食，无论是苹果树还是桃树都不吃，唯独钟爱梨树。前面我们说了，它们用产卵器把叶片割开，然后把卵产进叶柄。这些卵在断口中待7天左右，就会孵化。孵化出来的幼虫就在断口中蛀食，被蛀食的部分会逐渐干枯。幼虫越长越大，它们最喜欢吃的是梨树的果实，但现在梨树才刚开花，不过没关系，它们可以先去吃花朵。它们爬到花萼的根部不断地啃食，直到咬穿花萼，钻进花的内部。这样等花萼脱落，幼虫就直接钻进果实内部了。它们在梨子的内部肆意啃咬，被咬的梨子逐渐变黑，未等成熟就掉落了。这个时候已经成熟的幼虫就随着梨子掉落在地上，或者自己钻出梨子，然后钻进土壤中，吐丝结茧，度过冬天。

成虫会假死

度过了冬天的幼虫逐渐成熟，在春天来临、杏树开花时破茧而出。这个时候它们已经有了翅膀，它们飞到杏树或者樱桃树的花朵上取食花蜜。不过它们并不在杏树或者樱桃树上产卵，而是耐心地等待着梨树开花，好去产卵。

梨实蜂喜欢在中午活动，早晨和日落后就一动不动地待在树叶上呈假死状态。这个时候，如果你摇动树叶，它们就会跌落下来。很多果农就是利用梨实蜂的这一特点来消灭它们的。

表里不一的坏家伙——金龟子

金龟子当选"最美甲虫"后，一举一动都受到大家的关注。有甲虫记者发现，金龟子的内心并不如外表那样美丽，它们经常在晚上出来"作恶"。

美丽的外表

金龟子们优雅地站在台上，不时转个身，向大家展示它们的美。只见它们椭圆或卵圆的身体上，披着闪烁着金属光泽的艳丽甲壳，有铜绿色的、暗黑色的、茶色的……在阳光下一闪一闪的，赢得观众一波又一波的欢呼声。当它们抬起小小的脑袋时，观众再次被惊呆了，只见它们的触角呈鳃叶状，毛茸茸的，仿佛头上戴着两条丝绒发带。

作为"最美甲虫"，金龟子的所作为并没有像它们的外表那样美好，无论是成虫还是幼虫，都是植物的克星。

▲金龟子触角特写图

邪恶的内心

金龟子成虫喜欢啃食植物的芽、叶、花、果等，幼虫喜欢吃植物的根、块茎、幼苗等。在金龟子的大力破坏之下，梨、桃、葡萄、苹果、柑橘等果树的叶子满是孔洞，严重时只剩下主叶脉，根本无法进行光合作用。不仅果树会遭到金龟子的破坏，柳树、桑树、樟树、女贞树等，也经常受到成群结队的金龟子的袭击，大多受伤惨重。

很多金龟子特别嚣张，不顾大家的谴责，在白天就大摇大摆地出来破坏植物。这种金龟子被称为"日出型"金龟子。

无恶不作的幼虫

金龟子的成虫令人厌恶，幼虫更可气。很多植物还没钻出土壤呢，就被金龟子的幼虫吃光了。金龟子属于完全变态昆虫，幼虫学名"蛴螬"，俗名"白土蚕"，多数全身呈白色，少数为黄白色，头部呈黄棕色，喜欢将身体蜷缩成"C"形，在地下生活的时间较长。

▲金龟子幼虫

昆虫百科全书 >>

蚁中强盗——红蚂蚁

YI ZHONG QIANGDAO—HONGMAYI

蚂蚁的颜色不同，性格也大为不同。常见的黑蚂蚁或褐蚂蚁，是勤劳、勇敢、团结的象征，而红蚂蚁却是懒惰、强横的象征。下面，就让我们来揭开红蚂蚁的神秘面纱吧。

🐜 小小的红色火焰

▶红蚂蚁

红蚂蚁是完全变态昆虫，体长 0.3 厘米左右，头部近四方形，头顶及两侧有纵条纹，触角呈柄节状，复眼小小的，上颚发达。胸部几乎与头部等长。腹部椭圆形，表面十分光滑。

红蚂蚁穿着一身橙红色或暗红色的外套，行动时如同一簇跳动的火焰，非常显眼。它们喜欢吃甜食，也爱吃肉。

🐜 懒惰的强盗

红蚂蚁是群居动物，每个蚁群中有一个蚁后、一些雄蚁和无数工蚁，等级分明。要维持这个庞大家族的活力，得有无数的食物才行，可为什么见不到红蚂蚁出来寻找食物呢？因为有很多"仆人"在为它们工作。

红蚂蚁生性懒惰，懒得寻找食物，懒得抚育幼虫，甚至懒得主动去吃身旁的食物，非要"仆人"将食物送到嘴里才行。为了畜养足够多的"仆人"，每年六七月份，红蚂蚁都要出征若干次，去抢其他蚂蚁的蛹。黑蚂蚁的蛹是它们最喜欢抢夺的对象。

88

浩浩荡荡的红蚂蚁大军在领头蚁的带领下，开始地毯式搜索。一旦发现黑蚂蚁的蚁穴，领头蚁就会带领部下立即冲进去，与黑蚂蚁进行一番厮杀。正常情况下，都是红蚂蚁取得胜利。接着，它们会用大颚咬住黑蚂蚁的蛹，大摇大摆地搬回家去。黑蚂蚁破蛹而出后，就会成为红蚂蚁最忠诚的"仆人"。

精准的记忆力

　　为了抢到足够多的"仆人"，红蚂蚁往往要走很远的路。可无论走出多远，它们都能按照原路一丝不差地返回来。难道它们像蜗牛一样，一边爬，一边在路上作标记了吗？其实不是的。原来，红蚂蚁有着精准的记忆力，它们能把看到的图像在大脑中保留1天，甚至更长时间。路上的细微景物都是它们的记忆坐标，能够指引它们找到回家的路。

破坏力惊人——白蚁

YIZHONG E MO—BAIYI

白蚁和蚊子、蝗虫一样，都是臭名昭著的坏蛋。也许一只白蚁貌不惊人，可当它们集体出动的时候，足以令人毛骨悚然。

▲白蚁

坏蛋的模样和种类

白蚁属于不完全变态昆虫，身体扁而柔软，体长 0.2 ～ 1.2 厘米，有的蚁后体长可达 14 厘米。它们的口器为咀嚼式，触角呈念珠状，身体呈白色、淡黄色、赤褐色或黑褐色，其中白色的最多，故称"白蚁"。由于长时间生活在阴暗的巢穴里，大部分白蚁的眼睛已经退化，完全靠头部表皮感知光线。

根据有无翅膀，可将白蚁分为有翅型和无翅型。有翅型白蚁有 2 对狭长的膜质翅膀，前翅和后翅大小、形状、翅脉都相同，并比身体长。短时间飞行后，白蚁的翅膀会自动脱落。

鬼斧神工的巢穴

根据巢穴所在的位置，白蚁巢分为木栖巢、地下巢、地上巢、土木栖巢、寄生巢等，其中地上巢最为壮观。

地上巢是白蚁在地面上建造的巢穴，有的仅几十厘米高，有的高达数米。巢穴外面覆盖的一层厚厚的掩护物，如同混凝土一般牢牢保护着蚁巢。巢穴内部有排列整齐的产卵室、育婴室和复杂的采暖、通风设施，可利用阳光和自然风来保持蚁巢内温度恒定、空气新鲜。如果不是亲眼所见，人们很难

▲被白蚁蛀食的木头

相信这鬼斧神工的建筑是由小小的白蚁建成的。

社会形态

　　白蚁是社会性昆虫，几代白蚁共同生活在一个巢穴里，形成大型、永久性的蚁群。白蚁群有严格的等级划分：最高级别的是有眼睛、有翅膀的繁殖阶层，即蚁后、预备繁殖蚁等；中等级别的是兵蚁，眼睛退化、无翅膀，负责保卫蚁巢的安全；低等级别的是工蚁，眼睛退化、无翅膀，负责寻食、照顾幼虫、喂食其他白蚁。

▲ 白蚁巢穴

白蚁不是蚂蚁

　　很多人认为白蚁是蚂蚁的一种，这就大错特错了。这二者不仅不是近亲，而且是仇人。蚂蚁经常捉住落单的白蚁，运回巢穴作为食物。

　　白蚁属于等翅目昆虫，前、后翅大小相等；蚂蚁属于膜翅目昆虫，前翅大于后翅。

　　白蚁有水桶状的粗腰，蚂蚁有哑铃状的细腰。

　　白蚁是不完全变态昆虫，蚂蚁是完全变态昆虫。

　　白蚁食性单一，以植物性纤维素及其制品为主食，兼食真菌和木质素，一般不储粮；蚂蚁食性很广，几乎什么都吃，有储粮的习惯。

Chapter 4
第四章

蜂蚁来袭

没有谁比它们更爱劳动——蜜蜂

MEIYOU SHUI BI TAMEN GENG AI LAODONG—MIFENG

" 嗡嗡嗡，嗡嗡嗡，大家一起勤做工。来
匆匆，去匆匆，做工兴味浓。春暖花开
不做工，将来哪里好过冬？嗡嗡嗡，嗡嗡
嗡，别学懒惰虫。"这首耳熟能详的儿歌，
讲的就是勤劳可爱的小蜜蜂。

蜜蜂肖像画

说起蜜蜂，很多人脑海里就会浮现出它们在花间忙碌的身影，想起它们高超的
建筑才能。也许有人会问，它们究竟是什么模样？现在，我给大家简明介绍一下。

蜜蜂属于膜翅目昆虫，完全变态，体长 0.8 ~ 2 厘米，体表为黄褐色或黑褐色，
披有一层浓密的绒毛；头部几乎与胸部等宽；触角顶在脑袋上，好像两根小天线；
复眼圆鼓鼓的，视力十分敏锐；前翅大，后翅小，都如薄膜一般，有清晰的翅脉；
椭圆形的腹部末端，藏有一根尖尖的螫针；6 条腿分工明确，前 4 条抓握，后 2 条
携带花粉。

勤劳的小天使

太阳一出来，蜜蜂就冲出蜂巢，奔向那些绽放笑脸的花朵。一旦找到合适的蜜
源，它们就一头钻进花蕊，不停地挪动着 6 条腿。当 2 条后腿沾满花粉后，它们马
上扇动小翅膀，将花粉送回蜂巢。平时我们看到的蜜蜂只

► 蜜蜂

是专职采蜜的工蜂，那其他的蜜蜂都在干什么呢？蜂王正在蜂巢最大的居室里产卵；雄蜂在交配后就死了；其余的工蜂有的在照顾蜂王，有的在照顾卵和幼虫，有的在扩建蜂巢。

新旧蜂王的更替

一只蜂王每天能产1000多粒卵，这些卵多数是雌性的。经历了卵化幼虫、幼虫化蛹、蛹化成虫后，大批雌蜂就问世了。为了保证自己独一无二的"女王"地位，蜂王会分泌一种叫"蜂王物质"的信息素，抑制那些雌蜂的卵巢发育，使它们变成不会生育的工蜂，为自己服务。蜂巢内的工蜂越来越多，蜂王的"蜂王物质"能抑制的雌蜂数量却有限，于是，那些不受抑制的雌蜂开始"造反"了。它们修建新的蜂王居室，推选出新的蜂王。新蜂王年轻，受到"臣民"爱戴，老蜂王只好带着一部分工蜂离开蜂巢，另立门户去了。

▲蜂王

▲工蜂

▲雄蜂

毒刺很威风——黄蜂

DUCI HEN WEIFENG—HUANGFENG

和 勤劳可爱的蜜蜂相比，黄蜂抢夺、猎杀、蜇人，无恶不作。而且，它们小肚鸡肠，稍微受到一点儿侵犯，就会成群结队地攻击对手，一点儿情面都不留。

▼黄蜂

身材苗条，性情暴躁

黄蜂和蜜蜂一样，也是膜翅目昆虫。不过，和温婉的蜜蜂相比，黄蜂的脾气真是太暴躁了，动不动就用尾部的螯针蜇人，常常将人蜇得鼻青脸肿，引起人体的过敏反应和毒性反应，甚至致人死亡。不过雄黄蜂不会蜇人，因为它们没有毒针。和蜜蜂不同的是，雌黄蜂蜇人后一般不会死，因为其毒针没有与内脏相连，即使丢掉毒针，也不会将内脏带出体外。

黄蜂内心阴险，却长了一副人畜无害的模样。它们穿着黄褐色或黑黄色相间的外衣，体表光滑少毛，脑袋大大的，翅膀透明，腹部为椭圆形。黄蜂的腰长而细，非常优美，所以古人形容女子腰细而美时，常用"蜂腰"一词。

筑巢本领高

黄蜂虽然"烧杀掠夺"，无恶不作，但它们却是不折不扣的爱家分子，总是将巢穴建得安稳妥当，让蜂王和幼虫过得舒舒服服的。

筑巢时，它们先将朽木、干草等嚼碎，然后利用口中的分泌物黏合被嚼成糊状的木质纤维，建筑成巢。这种巢穴一般挂在树上或者檐下。

　　还有一些黄蜂将巢穴建在地下或者土墙内。从表面看，只能看到一个小指粗的空洞，仅容一两只黄蜂进出。挖掘开来，内部有不计其数的"房间"，整整齐齐地排列着，让人赞不绝口。

　　并不是所有的黄蜂都有高超的筑巢本领，蜾蠃科的黄蜂就什么都不会，平时居无定所。产卵时，雌蜂将卵产在泥室内或合适的竹管内，并将捉来的昆虫幼虫、蜘蛛等贮藏其中，供孵化后的幼虫食用。

 吃素，也吃肉

　　黄蜂个子小小的，看起来好像不食人间烟火似的，实际上它们可贪吃啦。

　　平时，黄蜂就学着蜜蜂，采点儿花粉，吃点儿花蜜，喝点儿果汁，做个斯文的素食主义者。一旦肚子饿得咕咕叫，它们可就什么都顾不得了，一下子撕去斯文的外衣，到处抢夺别人的食物，还会猎食蝉、蝗虫等活物，令其他昆虫闻风丧胆。

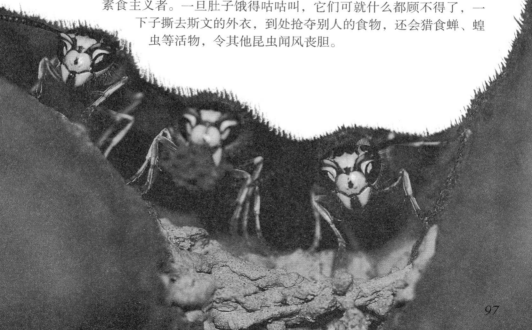

借腹生子的蜂——寄生蜂

JIE FU SHENGZI DE FENG—JISHENGFENG

提起"嗡嗡嗡"的蜂，人们的脑海里就会浮现出"勤劳"一词。可如果你这么想，那就大错特错啦！有些蜂虽然谈不上懒惰，但也评不上"劳动标兵"，它们连抚育幼虫的活儿似乎都不愿意干，统统交给寄主去做。这些蜂被统称为"寄生蜂"。

▲被寄生的虫卵

不同的寄生方式

寄生蜂是指从植食性蜂类进化到筑巢性蜂类之间的一群肉食性蜂类。也就是说，寄生蜂的进化级别比植食性、独居性蜂类略高，比筑巢性蜂类略低。

寄生蜂的寄生方式分为外寄生和内寄生两类。

外寄生指寄生蜂将卵产在寄主的体表，幼虫孵化后，取食寄主体表，从外部开始蚕食寄主的身体；内寄生指寄生蜂将卵产在寄主的体内，幼虫孵化后，取食

▲青蜂

▲青蜂

寄主体内组织，从内部开始蚕食寄主的身体。

别冤枉它们

　　提起寄生虫，人们就会恨得咬牙切齿，可寄生蜂跟我们常常提到的好吃懒做的寄生虫不一样，寄生蜂有自己的苦衷。寄生蜂将幼虫扔给寄主抚养，并不是因为懒惰，而是因为它们的幼虫无法自己直接取食，要依靠寄主体内的营养来维持生命。严格来说，寄生蜂还是人类和植物的好朋友呢，因为寄生蜂选择的寄主大多是害虫，如松毛虫、螟虫等。

蜂中杜鹃

　　青蜂又叫杜鹃蜂、红尾蜂，是膜翅目青蜂科昆虫，生存能力比较强，分布较广。它们体长 1 厘米左右，最大也不超过 2 厘米。体表光滑坚硬，或有无数个凹痕，一般呈金属蓝、绿色，在阳光下闪烁着迷人的光芒。它们的腹部可以弯曲，一受到惊吓，腹部就会弯曲成球形。

▶青蜂

青蜂之所以被称为"蜂中杜鹃",是因为它们具有跟杜鹃鸟相似的习性,喜欢将自己的卵产在其他蜂类的巢内,让别的蜂代为抚养自己的孩子。

大多数雌性青蜂喜欢将自己的卵产在蜜蜂或黄蜂的巢内,也有一些青蜂,如上海青蜂,喜欢将卵产在刺蛾幼虫的体内。在寄主的照顾下,青蜂幼虫出世了。这些幼虫体表光滑,粗粗壮壮的,头尾略尖,中间略粗,看起来就是一只毫无威胁的软虫子。不过,千万不要小瞧这些软虫子,它们的食量可大着呢。吃光寄主喂给它们的食物后,它们还会抢夺寄主幼虫的食物,导致很多寄主幼虫被活活饿死。有的青蜂幼虫甚至会残忍地吃掉寄主幼虫,独霸寄主的巢穴。

攒够能量后,青蜂幼虫会在寄主巢穴内化蛹。成虫破茧而出后,还会抢夺寄主的食物,伤害寄主的幼虫。

青蜂的强盗作风引起很多蜂类的不满,但是大家都拿它们没办法,因为它们的体表很坚硬,蜂刺根本扎不进去。

▲ 姬蜂

▲ 茧蜂卵

蜂中仙子

若说姬蜂是蜂中仙子,没人会反对。一方面,这种蜂"心灵美",它们的幼虫主要寄生于蜘蛛或蝶、蛾的幼虫上,是人见人爱的农业益虫。

另一方面,它们的外表也很迷人:身体修长,穿着黄褐相间的"外衣",腹部细长而弯曲,触角长而多节,翅膀透明而美丽,2个前翅上还各有1个黑色翅斑。它们的产卵器非常有特色,几乎与身体等长,如同在尾部拖了一根长长的细针。

姬蜂对儿女十分关爱。其养家糊口的方式别出心裁。成虫总是用螯针捕捉毛虫、蜘蛛、甲虫等猎物,但一

▼ 土蜂

般只是刺晕猎物，而不是将猎物杀死，因为这样可以让宝宝们吃到新鲜的食物。

其他寄生蜂

土蜂科的昆虫一般身体强壮，体色暗淡，多为黑色，体表有暗色或金色的绒毛。雄土蜂身材弱小，触角直；雌土蜂触角短而弯。雌土蜂在交配后会钻入落叶下或地下搜寻金龟子幼虫，并用螫针麻痹这些幼虫，然后在其体表产卵。常见的种类有日本土蜂、金毛长腹土蜂等。

茧蜂体长一般不超过 1.5 厘米，体表呈褐色、红褐色或黑色，有些种类的翅膀上有模糊的脉纹。头部宽阔，触角长长的。茧蜂幼虫的寄主主要是蛾类、蝶类的幼虫，有的种类也将蚜虫当成寄主。中国最常见的种类有麦蛾柔茧蜂、红铃虫甲腹茧蜂、螟蛉绒茧蜂、螟虫长距茧蜂和斑痣悬茧蜂等。

千奇百怪

有一种蜂喜欢从植物叶子上切取半圆形的叶片带进蜂巢，人们形象地称它们为"切叶蜂"。切叶蜂切叶并不是为了装饰巢穴，而是为了孵卵。它们将叶片卷成小包裹，然后在里面产卵，并放入一些花粉，给孵化出的幼虫当食物。

▼茧蜂

灰蛾猎手——赤条蜂

春天，太阳暖洋洋地照射在泥滩上，这里的草长得很稀疏，是赤条蜂经常出没的地方。下面就一起来认识一下赤条蜂吧。

给赤条蜂画像

赤条蜂身材娇小，体形玲珑有致，有细细的腰，腹部分为两节，黑色的肚皮上面还有一条鲜红色的"腰带"，据说它们的名字就来自这条"红腰带"。

住在一口"井"里

赤条蜂的家既不在树上，也不在草丛里。你猜怎么着？它们竟然住在"井"里。当然，这里的"井"，并非是真正的井。它们通常在泥土里挖一个垂直的洞，就像一口井，出口只有铅笔那么粗，洞底是一个孤立的小房间，不仅可用来休息，也是它们产卵的地方。赤条蜂在挖洞穴的时候，嘴巴会变成工具，前足则负责把泥土推到身后。当然，有时候它们也会遇到困难。这不，在挖掘过程中，它们遇到了一粒石子儿。就算赤条蜂的嘴再厉害，也对石子儿没办法。于是它们只能很费

▼赤条蜂

力地把挡路的
石子儿一点点地从
洞中推出去，然后远远
地丢到一边。不过，有些
沙砾则被赤条蜂留在洞口附
近，它们将来会有重要的用处。

　　当赤条蜂的家挖好之后，它们
就开始在洞口旁边的沙砾堆中翻找，
看看有没有扁平的，又稍微比洞口大一点
儿的沙砾，因为它们需要用这样的沙砾，盖住洞口，当作一扇门。这"门"看起来
和其他沙砾完全一样，谁也不会想到它底下会藏着赤条蜂的家。

聪明的捕猎者

　　灰蛾的幼虫是赤条蜂食谱上的第一美食。这种虫子大多生活在地底下，很难被
找到。不过，在捕猎方面，赤条蜂可是一个好手。它们先把可能藏有灰蛾幼虫的土
壤挖松，然后把周围的小草拔掉，接着把脑袋伸向每一条裂缝，仔细地察看里面是
否有虫子的踪迹。

　　这个时候，灰蛾的幼虫觉察到了上面的动静，决定离开自己的巢，爬到地面
上来看看到底发生了什么事。这一念之差就决定了它的命运。那赤条蜂早已准备就
绪，就等着灰蛾幼虫的出现了。果然，灰蛾的幼虫一露出地面，赤条蜂就冲过去
一把将它抓住了，然后伏在它的背上，不慌不忙地用刺把灰蛾幼虫的每一节都刺一
下。它那熟练的动作，让人想到游刃有余的屠夫。

把卵产进猎物体内

　　有的时候，赤条蜂捕捉到猎物并不是为了吃掉，而是用来产卵。例如，它们
捉到一条毛毛虫，就会用自己尾部的刺攻击毛毛虫，待毛毛虫失去抵抗力后，便将
其拖回巢穴，再把卵产进毛毛虫的体内。它们不会杀死毛毛虫，因为如果毛毛虫死
了，等卵孵化的时候就没有食物可吃了。当然它们也不会任凭毛毛虫扭来扭去，把
卵弄破，所以它们就像高明的麻醉师，把毛毛虫全身麻醉，直到幼虫孵化出来，把
毛毛虫吃掉。

小小大力士——蚂蚁

田间檐下，沙地草间，经常能见到来去匆匆的蚂蚁。它们要么正举着食物回家，要么正行进在觅食的路上。偶有几只蚂蚁停下来，也只是礼貌地碰一碰触角，打一声招呼，然后又急匆匆地忙去了。

▲蚂蚁

身材娇小的大力士

蚂蚁身材娇小，体长一般不超过 3 厘米，穿着黑色或褐色的"外衣"，大大的头上长着 2 只复眼和 1 对呈膝状弯曲的触角，纤细的腰身后面是卵形的腹部。别看蚂蚁身材娇小，它们可是不折不扣的大力士呢。一只普通的蚂蚁能够举起约是自身体重 400 倍、拖拽约是自身体重 1700 倍的物体。

蚂蚁是完全变态昆虫，是地球上数量最多的昆虫种类。

分工明确

蚂蚁王国的居民分工明确，各司其职。蚁后是蚂蚁王国的国王，是有生殖能力的雌蚁，负责产卵和管理王国；雄蚁专职与蚁后交配，以繁育后代，交配后不久即死去；工蚁是雌蚁，但没有生殖能力，是蚂蚁王国中最忙碌的居民，负责建筑巢

穴、寻觅食物、喂养幼虫、照顾蚁后；兵蚁身强体壮，主要职责是保卫蚁群。

　　一个蚁群只有一只能产卵的雌蚁——蚁后，如果蚁后意外死亡，蚁群是不是就再也没有新生命出现了？不是的。蚁后死后，在那些没有生殖能力的工蚁中，会有一只或者几只进化出生殖器官，成为新的蚁后。如果同时出现两只或者两只以上的蚁后，多余的蚁后就会带领一部分工蚁离开"老家"，筑建"新家"。

建筑专家

　　蚂蚁是杰出的建筑专家，一般把巢穴建在地下，地上只能见到一个火山状的土堆，土堆中间有一个进出口。蚂蚁的巢穴如同人类生活的城市，有良好的排水、通风设施，还有整齐的"街道"。"街道"两旁是不同功能的房间，如孵化房、育婴房等，其中最大的房间内，住着蚁后。

畜养"家畜"

　　为了能吃到鲜美的禽肉或畜肉，人类开办了很多养殖场，请专人饲养一些家禽或家畜。蚂蚁效仿人类，也畜养了很多"家畜"，有蚜虫幼虫、介壳虫幼虫、角蝉幼虫、灰蝶幼虫等。蚂蚁只要见到这些幼虫，就会将它们抬回巢穴饲养起来。这些幼虫能分泌一种蜜露，这种蜜露正是蚂蚁最喜欢的食物。

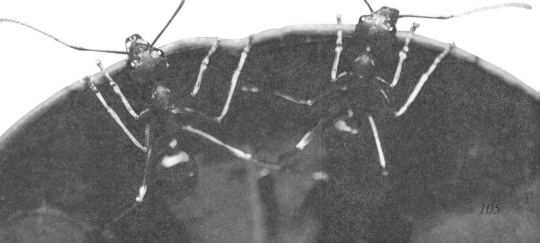

扛着叶子前行——切叶蚁

KANGZHE YEZI QIANXING—QIEYEYI

看，一群小树叶正在前进呢！难道离开大树妈妈的叶子有生命不成？不是的，移动的并非叶子，而是扛着叶子前行的小虫——切叶蚁。切叶蚁并非单一种属的名字，而包括多种咀嚼叶子的蚂蚁，主要生活在美洲地区。

钟爱叶子的原因

切叶蚁总爱扛着叶子，是为了避暑，还是为了防身呢？原来，它们是为了吃。切叶蚁并不直接吃树叶，而是将叶子切成小片带到蚁穴里发酵，然后取食在叶子上长出来的蘑菇，所以它们又叫"蘑菇蚁"。切叶蚁是唯一能切割新鲜植物，并用新鲜植物种植食物的昆虫。它们比人类更早掌握了种植技术。

千奇百怪

在哥伦比亚一些地方，切叶蚁可以被食用。人们最爱捕捉切叶蚁蚁后，抓到了蚁后后，就把蚁后的脚和翅膀除掉，用香料浸泡后放在陶瓷容器里烤熟。这些食物甚至会作为产品销售到加拿大、英国和日本。

▼切叶蚁

加工食物有妙招儿

切叶蚁的食物加工过程很有趣。体型中等的工蚁离开巢去搜索植物叶子，找到后，通过尾部的快速振动使牙齿产生电锯般的震动，把叶子切下新月形的一片来。同时，它们发出信号，招来其他工蚁加入锯叶的行列中。切下叶子的工蚁就背着劳动成果回到蚁穴去。

较小的工蚁再把叶子切成小块，磨成浆状，然后把粪便浇在上面。其他工蚁在另一间洞穴里把肥沃的叶浆粘贴在一层干燥的叶子上，还有的工蚁从老洞穴里把真菌一点儿一点儿移过来，种植在叶浆上。真菌在上面像雾一样扩散。

切叶蚁把真菌悬挂在洞穴顶上，并用毛虫的粪便来"施肥"。它们对真菌园的管理十分认真，担任警卫工作的兵蚁不敢离开一步。

分工明确

在成熟的切叶蚁群体里面，不同体形的成员要做不同的工作。个子最小的成员一般充当工蚁，工作是照顾卵、幼虫和菌圃。稍大一些的数量最多，负责保卫收集的食物，遇到敌人攻击时，冲在抵抗的最前线。中型蚁是收集蚁的主力，它们切开叶子并搬运叶子碎片回巢穴。大型蚁通常是兵蚁，工作是保卫巢穴，与敌人战斗，有时也参与其他活动，如清理搬运食物的道路。

流浪的"吉卜赛蚁"——行军蚁

LIULANG DE "JIBU SAIYI"—XINGJUNYI

在文学作品和影视作品中，经常会出现拿着水晶球的吉卜赛人，他们神秘、热情、洒脱、奔放，终生流浪，从不停下追寻自由的脚步。久而久之，"吉卜赛人"就成为流浪、自由的象征。在蚂蚁王国中，也有这么一群"吉卜赛蚁"，它们就是行军蚁。

不愿停下脚步的行军蚁

行军蚁是一种迁移性蚂蚁，没有固定的巢穴，一个行军蚁群体有 200 万只左右。它们呈黄褐色或栗褐色，腹部颜色较胸部淡；头部略方，顶着长长的触角；大型工蚁无复眼。行军蚁群体中也分蚁后、雄蚁、工蚁、兵蚁 4 个品级。蚁后负责生宝宝，雄蚁负责交配，工蚁负责照顾蚁群，兵蚁负责打仗。

▲行军蚁大军

团队狩猎

行军蚁非常团结，捕猎时，它们会在领头蚁的带领下以纵队追逐猎物，或以横队包围猎物。一旦猎物进入它们的狩猎范围，它们就会蜂拥而上，用尖利的颚紧紧咬住猎物。几只行军蚁并不可怕，但密密麻麻的行军蚁一齐咬住一个猎物，那猎物就几乎没有逃脱的可能了。而且，行军蚁的唾液有毒，具有麻醉作用，会让猎物无法动弹。

蟋蟀、蚱蜢、老鼠，甚至野牛，都是行军蚁的美食。

不怕牺牲

　　行军蚁是一种具有奉献精神的昆虫。夜幕降临，气温变低，工蚁就互相咬在一起，形成一个球形的网，将兵蚁、小蚂蚁、蚁后围在里面。球网内温暖如春，球网外寒冷异常，很多工蚁可能被冻死，但它们毫不畏惧。

　　遇到水沟，部队前进受阻时，工蚁就立刻咬成数个团，"叽里咕噜"地滚进水里，甘当大部队过河的"垫脚石"。很多工蚁都被冲走或淹死了，但它们毫不退缩。

▶行军蚁巢穴

▲幼蚁

独特的繁殖方式

　　行军蚁一直行走在前进的路上，没有一个安稳的环境给蚁后做产房，蚁后可怎么生小宝宝哇？别着急，行军蚁每隔两三周，就会休息一次，蚁后就在这个空当抓紧时间产卵。一只蚁后一次能产下约25万粒卵，其中约有6粒卵能发育成新的蚁后，约有1000粒卵能发育成雄蚁。

　　有趣的是，雄蚁长大后会飞到别的蚁群里找蚁后交配，从而避免和同一个蚁群内的蚁后"近亲结婚"。

109

Chapter 5
第五章

蝶蛾王国

蝶中大个子——凤蝶

DIE ZHONG DAGEZI—FENGDIE

全世界有上万种蝴蝶，不同种类的蝴蝶有不同的美：有的端庄优雅；有的灵动活泼……根本无法确定哪一种类的蝴蝶是最美的。不过，我们可以确定哪一种类的体型是最大的，那就是凤蝶。

▲金凤蝶

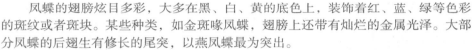 美丽的蝶中"巨人"

凤蝶是鳞翅目凤蝶科蝶类的总称，一般为大型昆虫。

凤蝶的翅膀炫目多彩，大多在黑、白、黄的底色上，装饰着红、蓝、绿等色彩的斑纹或者斑块。某些种类，如金斑喙凤蝶，翅膀上还带有灿烂的金属光泽。大部分凤蝶的后翅生有修长的尾突，以燕凤蝶最为突出。

除两极外，凤蝶的足迹遍布世界的每个角落。不过，大多时候，它们都生活在比较温暖的地方，如我国云南地区。在清冷的早晨和宁静的黄昏，我们经常能见到凤蝶穿行于花间。

挑食的幼虫

凤蝶的幼虫非常挑食，除了芸香科植物的叶子，其他植物的叶子基本都不吃，偶有几个种类会食用樟科、伞形科、马兜铃科等植物的叶子。为了满足宝宝挑食的嘴巴，凤蝶妈妈练就了一身高超的本领，能一边飞行一边探测周围的环境，发现合适的植物，就会落下来，用能分辨气味的前足摸呀摸，一旦确定此植物是芸香科的，就立即将卵产在叶子上。如果发现此植物气味不对，凤蝶妈妈会毫不犹豫地离开，继续下一轮探索。

▲曙凤蝶

凶残而又聪明

　　凤蝶属于完全变态昆虫，卵圆圆的，常见于芸香科植物的新芽、嫩叶、叶柄或嫩枝上。幼虫孵化后，就会不断取食植物的器官。如果食物不够，它们甚至会吃掉一起出生的兄弟姐妹。

　　凤蝶的幼虫长得有点儿丑，刚出生时体表光滑，好像一坨鸟粪；一些稍微好看一些，体表呈鲜艳的绿色，并带有红色、蓝色或者黑色的警戒色。受到惊扰或威胁时，幼虫会散发臭气自卫。

　　凤蝶的幼虫非常聪明，化蛹时会远离寄主植物，并伪装成枯叶或者树枝。因为蛹期它们很脆弱，如果仍留在寄主植物周围，就会被天敌毫不留情地吃掉。凤蝶破蛹还挑时辰呢，大多选择在湿度较高的早晨，以避免翅膀快速干枯，影响飞行能力。

▲麝凤蝶

▲玉带凤蝶幼虫

◀曙凤蝶蛹

蝴蝶之王

亚历山大女皇鸟翼凤蝶是世界上最大的蝴蝶，堪称"蝴蝶之王"。它们对环境很挑剔，只生活在新几内亚岛东部，十分珍稀，属于濒临灭绝的物种。雌蝶翅展可达 31 厘米，翅膀呈褐色，有白色斑纹，身体呈乳白色，胸部局部有红色的绒毛。雄蝶较为细小，翅膀也呈褐色，有美丽的斑纹，腹部呈鲜黄色，有自己的地盘，常常会为保护领地而战斗。

这种凤蝶喜欢生活在茂密的热带雨林中，在早上或黄昏时最活跃。和其他蝴蝶相比，它们飞得更高，在寻找食物或产卵时会降落到距地面几米高的地方。它们爱吃花蜜，也吃大木林蛛，甚至还吃一些小型的鸟。

▲亚历山大女皇鸟翼凤蝶

其他种类

天堂凤蝶又叫琉璃凤蝶、英雄凤蝶，是澳大利亚的国宝。它们身形优雅，翅形优美而巨大，全身黑天鹅绒质的底上闪烁着蓝色的光泽，谁见了都会为其倾倒。

如果你看见一只蝴蝶身上带着荧光，正在优美地滑翔，但是速度不快，那它很可能是荧光裳凤蝶。这种蝴蝶的特征是：成虫的后翅在逆光时会闪现出珍珠般的光泽。

曙凤蝶多生活在山区。雄蝶翅膀正面黑得发亮，后翅背面下半部有红色大斑；雌蝶的翅膀背面下半部也有红色大斑，但颜色稍浅。

▼天堂凤蝶

抗打击的蝴蝶——斑蝶

斑蝶体型较大，常穿着以黑、白色为基调的"外衣""外衣"上饰有白、红、黑、青、蓝等色彩的斑纹，部分种类具有灿烂耀目的紫蓝色金属光泽。

主要特点

斑蝶喜欢在日光下活动，飞行缓慢。很多种类具有难闻的气味，能避免鸟类及其他食肉昆虫的袭击。它们的身体和翅膀都比较结实有力，它们的头、胸受到挤压或打击后，存活时间比其他类型的蝴蝶长。

黑脉金斑蝶

黑脉金斑蝶又称"帝王斑蝶""君主斑蝶"。黑脉金斑蝶的个头儿虽不是最大的，但它们的本领可一点儿都不差。它们是地球上唯一的迁徙性蝴蝶。北美洲的一些黑脉金斑蝶会于8月至初霜时节向南迁徙，并于春天向北回归，它们生活在澳大利亚的同族也会定期迁徙。

除了能迁徙，它们还有毒。它们在幼虫时期啃食一种叫马利筋的有毒植物，让毒素在身体里不断累积。当长成成虫时，毒素已经遍及翅膀和腹部。不知情的鸟类吃下它们会立即中毒，甚至死掉。不过也有很多鸟，如白头翁、蓝头松鸦等，会撕掉它们的翅膀和腹部，然后吃下没毒的部分。

◀黑脉金斑蝶

◀青斑蝶

蝶中仙子——蛱蝶

蛱蝶属于中大型的蝴蝶，不同的种类，颜色有很大差别：赤蛱蝶、孔雀蛱蝶和豹纹蛱蝶等颜色亮丽，丝纹蛱蝶、枯叶蝶等颜色暗淡。

6 条腿的"两面派"

蛱蝶有个别称叫"四足蝶"，因为它们看上去只有 4 条腿，很多人因此不承认它们是昆虫。蛱蝶感到非常委屈，因为它们也有 6 条腿，只是 2 条前腿高度退化，基本看不见而已。

不同种类的蛱蝶，模样也不同，有的大、有的小；有的同时拥有 3 种以上的色彩，有的颜色非常单一。不过，蛱蝶的翅膀有一个共同的特征：正面色彩较亮丽，背面色彩更暗淡，是标准的"两面派"。翅膀背面暗淡的色彩，是蛱蝶的一种自卫手段。蛱蝶休息时，翅膀紧收竖立，藏起正面，露出背面，瞬间隐藏起艳丽的颜色，将自己变得毫不起眼儿，与周围环境融为一体，以躲避天敌搜索的眼睛。

▲孔雀蛱蝶

蛱蝶的一生

蛱蝶妈妈在产卵前，会仔细挑选一株丰美多汁的植物，然后将卵产在这株植物

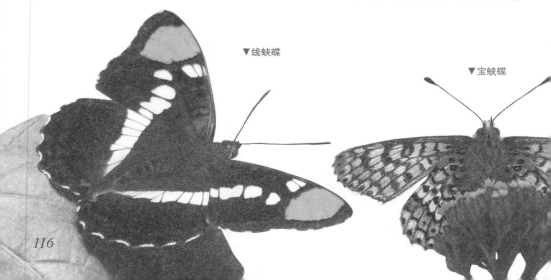

▼线蛱蝶

▼宝蛱蝶

的叶子上。

经过一段时间的孵化，幼虫就出世了。蛱蝶的幼虫一般多刺，头部有分叉的突起物，刚出生时经常聚在一起吃东西，渐渐长大后，出生地周围的植物不够吃了，它们就会分开，去寻找新的食物源。

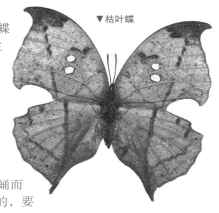
▼枯叶蝶

当幼虫储备了足够的能量后，就开始化蛹。蛱蝶的蛹一般都是头朝下、尾朝上挂在植物的叶片下面的，一阵微风吹来，就会晃啊晃，好像挂在屋檐下的小灯笼。

在蛹中完成身体转化后，蛱蝶成虫就会破蛹而出。刚出蛹的蛱蝶是脆弱的，翅膀微湿，软软的，要晾干后才能飞行。

蛱蝶明星

在嘴尖爪利的鸟面前，柔弱的蝴蝶简直不堪一击。不过，大多数孔雀蛱蝶都能逃过鸟的追捕，它们的秘密武器就在翅膀上。孔雀蛱蝶的 4 只翅膀上各有一个巨大的眼斑，仿佛大型猛禽的眼睛，闪着狠戾的光芒，很多小鸟来不及细看，就被吓跑了。

丧服蛱蝶的翅膀主体是红褐色的，边缘为白色或黄色。人们根据其形态及颜色给它们取了这个晦气的名字。

枯叶蝶是蝴蝶中最厉害的拟态高手。当它们停落在没有叶子的树干上时，就与真的枯叶一模一样，甚至连叶子上的霉斑、蛀孔，也能模仿得惟妙惟肖。

▼鳌蛱蝶

▼绢蛱蝶

大翅膀拖着小身板——环蝶

DA CHIBANG TUOZHE XIAO SHENBAN—HUANDIE

阳光照在森林里，暖洋洋的，几只粉蝶正在花丛中翩翩起舞。而在高高的树木顶端，竟然飞着几只像鸟一样的蝴蝶，它们叫环蝶，这种蝴蝶极少飞近地面。

不过，并不是所有环蝶都在高树上生活，喜欢在花草丛中流连的也不少。

▲环蝶

雄性更美丽

环蝶的翅膀很大，身体很小，翅膀上常有圆形的斑纹，故而得名。它们似乎不喜欢艳俗的色彩，所以打扮得很朴素，颜色多为黄褐色或灰褐色，色彩多数暗而不艳，少数种类具有蓝色斑纹。

然而，朴素并不代表丑陋。就拿雄环蝶来说吧，它们翅上的鳞片有微细的嵴，可分解并反射光线，从而使某些种类的翅膀呈现出虹彩光泽的蓝色。相比之下，雌环蝶模样就没这么耀眼了，尽管它们的翅膀更宽，但颜色很暗。

蝶中小家族

在蝴蝶王国中，环蝶远称不上大家族。根据记载，全世界约有 80 种环蝶，中国有 10 多种，广东是环蝶的福地，有 9 种。

环蝶大多生活在野外的密林、草丛或阴湿的环境里。一般在早晨或黄昏时更容易看到它们的身影。

环蝶幼虫身体上长了很多毛，以植物为食。这些小家伙是优秀的织工，常织成一个公用的网，然后待在里面生活、化蛹。

环蝶中的明星

箭环蝶又叫路易箭环蝶，身体呈褐黄色，前翅正面翅尖部颜色淡白，前后翅周边有一圈黑斑，翅的腹面中部有一纵列红褐色圆形斑。雌蝶翅膀上的斑纹比雄蝶的更大、颜色更深。

▲ 箭环蝶

箭环蝶是森林的精灵，常常在树荫、竹丛中穿梭飞行，有时候上百只聚集在一起。它们浩大的声势既能形成一道美景，又能令人心生恐惧。因为成虫密集说明幼虫也不少，而其幼虫是有名的贪吃鬼，能将整条沟谷的树叶吃光。

彩蓝斑环蝶的身体和翅膀都是深褐色的。翅圆形，正面中央有大块彩蓝色斑纹，反面外缘形成浅色带，后翅浅色带内上、下各有一个月食形斑纹。这种蝴蝶无论是观赏价值还是收藏价值都很高。

斜带环蝶有"丛林之王"的美誉，十分珍贵。它们的翅面底色为深褐色，前翅中间位置有宽大的黄色斜带，顶角有小白斑，背面有两个圆形大眼斑。

串珠环蝶全身呈棕褐色，前翅外端呈浅黄色，后翅正面中部有若干不明显的圆斑点排成一列，仿佛一串黄色珍珠，故而得名。

千奇百怪

某些环蝶是"毒虫"，身上的毒毛能让人的皮肤发疹。但这些种类在南美洲很受欢迎，尤其是在珠宝行业。当地人也将其用在灯罩、图片及镶嵌托盘上当装饰品。

雌雄同体——皇蛾阴阳蝶

CIXIONG TONGTI—HUANG E YINYANGDIE

森林中，一只小蜥蜴发现了几只蝴蝶正在不远处，它悄悄地靠近蝴蝶，准备大饱口福。谁知，就在离蝴蝶六七米时，它嗅到了一股刺鼻的气味，吓得赶紧掉头跑了。

原来，这几只蝴蝶是皇蛾阴阳蝶，毒性可大啦。

外貌特征

皇蛾阴阳蝶最大的特点是：它们双翅的形状、色彩和大小各不相同，看上去像是被拼凑起来的蝴蝶。更离奇的是，它们的一只翅膀是雌性的，另一只翅膀是雄性的，阴阳合一，所以才有了"阴阳蝶"这个名字。

俗话说，物以稀为贵。在蝴蝶王国中，没有谁能比皇蛾阴阳蝶更独特了。皇蛾阴阳蝶是蝴蝶世界里最稀少的一种，据说，在一千万只蝴蝶中才能发现一只。

苦恼真不少

尽管能享受独特带来的宠爱，可皇蛾阴阳蝶的苦恼更多。首先，由于两只翅膀的形状不同，它们无法像其他蝴蝶那样自由飞行，只有空羡慕。

第二，它们的生命十分短暂，变成成虫后，只能活6天左右。唉，真是"红颜薄命"啊！幸运的是，它们身上有毒素，能让很多敌人敬而远之，若是不慎中了它们的毒，可能连两天都活不了。

▲皇蛾阴阳蝶

你知道吗

毒蝶属是蛱蝶科中的一个家族，喜欢在热乎乎的地方逍遥飞行，主要分布在美洲的热带及亚热带地区。这一家族物种繁多，很多成员能互相模拟，鳞片中含有毒素，甚至能吓走燕雀和蜥蜴。

雌雄同体

蝴蝶王国有那么多成员，为什么皇蛾阴阳蝶可以拥有差别巨大的翅膀呢？科学家也很好奇，所以一直在研究这种小"怪物"。有研究称，由于蝴蝶的性别是由细胞核中的性染色体决定的，若在受精卵早期细胞分裂时，因意外导致一半发育成雄性，一半发育成雌性，这样，一只蝴蝶就会变成一半雄、一半雌的"雌雄嵌合体"，也就是雌雄同体。

蝶中小精灵——灰蝶

DIE ZHONG XIAOJINGLING—HUIDIE

在美丽的蝴蝶种族中，有这样一群小精灵：它们身材小巧，身姿轻盈，喜欢在阳光下起舞，喜欢贴近地面飞行。这群小精灵就是灰蝶。大家千万不要被这个名字给骗了，灰蝶其实有很多种颜色，可漂亮了。下面，就让我们一起来了解一下蝶中小精灵吧。

身材小，本领大

灰蝶属于小型蝶，大多数灰蝶的翅展仅 2 厘米左右，仿佛一阵微风就能将它们吹个跟头似的。绝大多数灰蝶的分布具有很强的地域性，它们对生存环境要求很高，并且对周围环境的变化反应灵敏。一旦所处环境变了，它们就立刻迁移，毫不留恋。因此，在陆地生物多样性保护中，灰蝶种类和数量的变化被作为生态环境监测的一项重要指标。

亮丽的外形

　　灰蝶翅膀的正面常呈红、橙、蓝、绿、紫、翠、古铜等色，并带有微微的光泽，非常好看。更奇特的是，灰蝶翅膀的背面一般都呈灰暗的颜色，并带有暗色斑点或条纹，与正面形成鲜明对比。很多灰蝶的后翅上有眼斑或者斑带，这些是用来吓唬敌人的武器。雄性灰蝶前足退化，翅膀颜色大多比较艳丽；雌性灰蝶前足完好，翅膀色彩较雄蝶暗淡。

常见的种类

▼灰蝶幼虫

　　常见的灰蝶种类有银灰蝶、蓝灰蝶、橙灰蝶、蚜灰蝶、苏铁小灰蝶等。

　　银灰蝶翅正面多呈银白色，颜色单纯而有光泽，反面的颜色与正面不同；蓝灰蝶翅面呈蓝色，飞行迅速；橙灰蝶尤其喜欢访花，雌性和雄性外貌差别较大；蚜灰蝶又叫棋石灰蝶，幼虫以蚜虫为食，是蝶中幼虫的好榜样；苏铁小灰蝶吃苏铁，是害虫，它们有时会把苏铁的新叶吃个精光。

蚂蚁当保镖

　　灰蝶属于完全变态昆虫，幼虫看起来好像鼻涕虫，身体扁平，一点儿也不好看。

　　灰蝶幼虫身体软弱，也没有什么防身的武器，一不小心就会被捕食者吃掉。为了能平安长大，它们"雇"了数不清的保镖——蚂蚁。原来，灰蝶幼虫的腺体能分泌出一种蜜露，而这是蚂蚁最爱吃的"糖果"。为了能随时吃到甜滋滋的"糖果"，蚂蚁就主动担负起了保护灰蝶幼虫的任务。

▶橙灰蝶

家族庞大的蝶——蚬蝶

JIAZU PANGDA DE DIE—XIANDIE

66 脑袋小，触角长，披着彩衣采花忙。停时姿态酷似蚬，飞时迅速惹人羡。"这首儿歌说的便是蚬蝶。你是不是觉得蚬蝶长得跟灰蝶很像？这就对了，蚬蝶曾经是灰蝶科昆虫，后来才被分出去，成为独立的一族。

蚬蝶家族

蚬蝶家族比较庞大，全世界已记载约 1300 种，中国约有 20 多种。

蚬蝶展开双翅，一般长 20 ~ 65 毫米，多数在 40 毫米以下，翅膀的颜色以红、褐、黑为主，饰有白色斑纹，且两对翅膀正反面的颜色和斑纹都对应相似。多数种类无尾状突起，少数种类有尾突。

蚬蝶的卵长得很像微型馒头，"馒头"表面有一些微小的突起。幼虫长着一个大脑袋，浑身生着细毛，又短又扁，酷似灰蝶幼虫。蛹是缢蛹（蛹以腹末臀棘附着于物体上，胸腹部间缠以 1 根丝，蛹体斜立），短粗钝圆，生有短毛，常常寄生在紫金牛科、禾亚科、竹亚科植物的枝叶上。

▼蚬蝶

◀无尾蚬蝶

热爱阳光的"蚬"

在蝴蝶王国中，没有谁比蚬蝶更喜欢阳光了。每当天气晴朗之时，它们便在阳光下肆意飞舞。它们飞行时速度很快，很难被捕捉到，不过由于体力有限，往往飞不远便会停下来歇一歇。

大家见过蚬吗？市场或餐桌上的蚬半张着两扇硬壳，中间鲜美的肉若隐若现。蚬蝶休息时，就常常半舒展着4只翅膀，模样像极了蚬，因此人们才给它们起了这个名字。

蚬蝶是爱运动的小虫，很多种类即使在花、叶上休息时，也不得闲。一会儿转身朝这边看看，一会儿转身朝那边瞧瞧，好像在寻找更舒服的休息场所，又好像在观察周围的环境，以防敌人突然来袭。

蝶中乐师——七弦琴蚬蝶

七弦琴蚬蝶是一种头小、长触角的蝴蝶，身姿优雅又美丽，两侧翅膀多为单色，一侧为淡粉色，一侧为浅蓝色，腹部嫣红，翅膀花纹为黑色竖纹，飞翔时暗纹抖动，色泽雅致，很像中国古老乐器——七弦琴，故被我国学者命名为"七弦琴蚬蝶"。

七弦琴蚬蝶不光长得像乐器，它们的习性也像。首先，翅膀摆动起来恍如琴弦在颤动，其次，据说此蝶天生具有节奏感，遇见自己喜欢的音乐，就会随之翩翩起舞。

千奇百怪

蝴蝶中，有一些种类的翅膀竟然是透明的。这些蝴蝶主要分布在美洲的巴拿马到墨西哥之间。它们的翅膀薄膜上没有鳞片，所以可以轻易地"隐身"，令敌人难以觉察。

深谷精灵——白带褐蚬蝶

这种蝴蝶的翅膀底色为褐色，前翅中间有一条白色的斜带条纹；翅膀边缘有白色的细毛。这种蝴蝶雌雄异形，雄蝶较小，前翅外缘直；雌蝶较大，前翅外缘呈圆弧状。成虫平时栖息在深山大沟和阴湿的山谷中，待够了就去阳光下飞舞一阵。

7月时节，在四川峨眉山报国寺附近可以见到这种蝴蝶。

125

有护身符的蝶——眼蝶

YOU HUSHENFU DE DIE—YANDIE

—只饥肠辘辘的小鸟看见远处的花丛中隐约停着一只蝴蝶，这下有东西吃了。当小鸟就要接近那只蝴蝶时，突然看到了蝴蝶翅膀上又圆又大的黑眼睛，在阳光的照射下，闪着凶恶的光芒。吓得小鸟扑腾一下蹿上了天空，逃命去了。其实，这是只眼蝶，小鸟是被眼蝶翅膀上的"假眼"给蒙蔽了。

▲长纹黛眼蝶

如何辨认眼蝶

眼蝶属于中小型蝶，幼虫呈褐色或绿色，有小而分叉的尾状附器。成蝶身体细瘦，头小，翅膀通常以灰褐、黑褐色为基调，伴有黑、白色的斑纹。眼蝶的前足退化，呈毛刷状，折在胸下，不能用以行走；雄性的只有1跗节，雌性的4～5跗节，无爪。

眼蝶的触角端部逐渐加粗，不明显。前翅呈圆三角形，中室为闭式，翅展5～6厘米，有较醒目的眼状斑或圆纹。

有"假眼"的蝶

眼蝶是一种非常好辨认的蝶，因为在它们的翅膀上，有很多非常醒目的眼状环形斑纹，它也因此而得名。这些眼状斑纹被称为眼蝶的"假眼"。可别小看这些"假眼"，它们可是眼蝶的"护身符"。在"适者生存"的大自然中，这些"假眼"

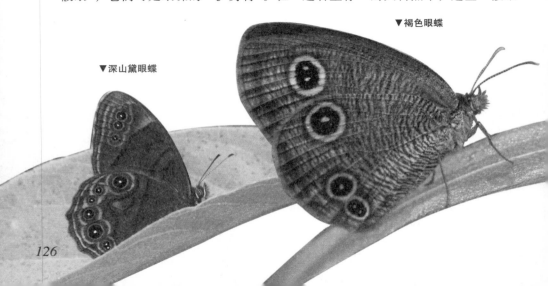
▼褐色眼蝶
▼深山黛眼蝶

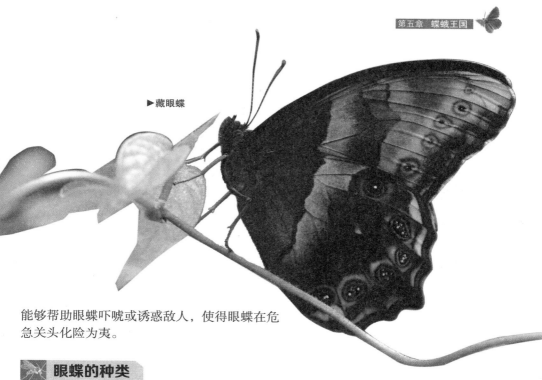

▶藏眼蝶

能够帮助眼蝶吓唬或诱惑敌人，使得眼蝶在危急关头化险为夷。

眼蝶的种类

眼蝶家族已知的种类约有 3000 个，它们的足迹遍及世界各地。中国已知的有 260 多种，大型的代表有宁眼蝶、白斑眼蝶、彩裳斑眼蝶、凤眼蝶等。颜色较鲜艳的有蓝斑丽眼蝶，闪紫锯眼蝶、蓝穹眼蝶等。眼蝶的寄主植物多为禾本科植物，有的是水稻的重要害虫，少数属食羊齿类植物。

"贵妇" 藏眼蝶

在眼蝶家族中，藏眼蝶总把自己打扮成"贵妇"模样，不信，你去观察观察。藏眼蝶的前翅端半部呈黑色，有斜列的几个淡黄褐色纹路，后翅隐约可见黑色斑纹。翅膀的反面呈灰白色，分布着黑褐色的斑纹，后翅亚外缘有 6 个黑色圆斑。从藏眼蝶"衣着"的整个色彩搭配上看，它们跟雍容华贵的贵妇人有着同样的色彩喜好。藏眼蝶分布于我国河南、宁夏、陕西、甘肃、湖北、西藏等地。

生活在高处的多眼蝶

俗话说，站得高望得远。不知道多眼蝶是不是因为这个原因而选择住在海拔较高的地方。多眼蝶成虫多活动在海拔 700 ~ 2000 米的草灌丛中，喜欢停留在树干上，1 年生 1 代，7、8 月繁殖旺盛。多眼蝶翅展 55 ~ 60 毫米，体翅呈暗褐色。雌性个头儿较大，翅色淡，前翅黄色斑纹较雄性清晰。

我们和蝴蝶不一样——蛾

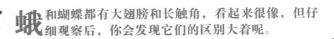

蛾和蝴蝶都有大翅膀和长触角，看起来很像，但仔细观察后，你会发现它们的区别大着呢。

腹部不同

蝴蝶的腹部纤细、少毛，且它们体态优雅，身姿轻盈；蛾的腹部短粗、多毛，使它们看起来胖乎乎的，似乎很笨拙的样子。当然，这个区别只是一般性的，凡事总有例外，有的蝴蝶也是小胖子，而有的蛾则体形苗条。

翅膀不同

蛾与蝴蝶同属鳞翅目，翅膀比较相像，都分前、后翅，都覆盖着细密的鳞片。不过，蛾的翅膀色彩大多暗淡，不如蝴蝶的亮丽。

蛾翅与蝶翅的不同，主要体现在静止时的姿态上。蛾静止时，双翅平放；蝴蝶静止时，双翅并拢，竖立在背上，露出细长的腹部。

▲蝴蝶　　　　　　　　　▲蛾

▼蛾静止时，双翅常平放

▼蛾

触角不同

　　蛾的触角大多是羽毛状的，也有呈丝状或栉状的，羽毛状的触角就像鸟身上最匀称、最轻柔的腹羽。这与蝴蝶的棒状触角有很大不同。

　　雄蛾的触角是它们寻找伴侣的秘密武器。到了恋爱的季节，雌蛾会释放一种激素，吸引单身的雄蛾。雄蛾通过触角，探测空气中的激素，一旦"嗅"到爱的味道，就会不顾一切地去追寻雌蛾。

▲蛾

▲蝴蝶

你知道吗

　　蛾在夜间飞行时，一般是靠月光等光线来调整方向的。它们始终保持让月光投射到眼睛中固定的部分，这样，只要没有障碍物挡住月光，它们就能依据月光，顺利飞行。当出现火焰等光源时，蛾误以为那是月光，就会绕着这些光源飞行，圈越绕越小。最后，蛾就会把自己绕进火里。

▼长喙天蛾

我们长得也不赖

很多人认为蛾没有蝴蝶漂亮，这是不对的。有的蛾足以跟蝴蝶相媲美，甚至有的蛾比蝴蝶还漂亮。

蝶蛾属中大型蛾类，腹部纤细，触角呈棍棒状，翅膀宽大，有白色或橘色的斑纹，前翅通常有伪装色，后翅有亮丽的色彩或者斑斓的金属光泽，非常美丽。蝶蛾也像蝴蝶一样，喜欢在白天活动。

燕蛾是蛾中的明星，它们通常个头儿很大，长着长尾巴，有的种类颜色绚丽，喜欢在白天活动。日落蛾又叫马达加斯加燕蛾，与凤蝶非常相似，主要生活在马达加斯加地区。与其他一些蛾不同，日落蛾翅膀上的虹彩部分并没有色素，其色彩源于能散射光的缎带般的鳞片。

此外，天蛾、大蚕蛾也很美丽。

▶马达加斯加燕蛾

▼青黄枯叶蛾

为蛾正名

提起蝴蝶，人们就会竖起大拇指，说出无数赞美之词；提起蛾，人们就会撇撇嘴，露出不屑一顾的样子。同样都是鳞翅目昆虫，人们对待蝴蝶和蛾的态度，却有着天壤之别，这是为什么呢？

也许是因为蛾大多都在夜间出现，悄无声息地盘桓在花丛间、树林里、灌木丛中或者人类居住的地方，看起来鬼鬼祟祟的，因而非常引人反感。

不过蛾也有高大的一面。有的蛾终生热爱光明，敢于追逐理想；有的能产丝，具有无私奉献的精神；还有的喜欢传播花粉，深受植物的喜爱……

隐身高手——尺蛾

YINSHEN GAOSHOU—CHI E

有的尺蛾长得胖乎乎的，看起来笨拙可爱；也有的身材比较纤长、细弱。它们的翅膀又宽又薄，一阵微风吹过来，翅膀就会轻轻颤抖。尺蛾是隐身高手，我们往往走到它们的旁边，也寻不到它们的踪影。

样子有点儿像蝶

尺蛾又叫尺蠖蛾，它们的翅膀有的暗淡，有的鲜艳，很多人都误认为它们是蝴蝶。它们大多在夜间活动，仅有少数几个种类在白天活动。尺蛾触角多呈丝状，口器发达，雌性和雄性长得很像，但有些雌性翅膀退化，不能飞行。

▲尺蛾

大名鼎鼎的幼虫

尺蛾因它们的幼虫——尺蠖而得名。尺蠖形似小枝或叶柄，是昆虫界的拟态高手，爬行时，身体一屈一伸，仿佛在用大拇指和中指丈量路程，又像一座小拱桥，非常有趣。

尺蠖表里不一，看似滑稽可爱，实际上喜欢吃嫩叶、嫩芽和花蕾等，危害果树、茶树、桑树及棉花等，是世界著名的害虫。

◀尺蠖

植物恨死我们了——灯蛾

ZHIWU HEN SI WOMEN LE—DENG E

我们是灯蛾，又叫"扑灯蛾"。从我们的名字就可以看出，我们是在夜间活动的蛾，最喜欢不顾一切地扑向明亮的光源。这样的下场往往很惨烈，因为有些光是火光，会将我们烧得灰飞烟灭。可是我们又有什么办法呢？这些光干扰了我们对路线的判断，让我们稀里糊涂地飞进了火坑。

休息方式很特别

其他种类的蛾都不喜欢和我们在一起，因为它们觉得我们的休息方式太奇怪了，既不像它们那样平放双翅，也不像蝴蝶那样竖立双翅，而是将双翅合拢，拱出脊来，看起来就像一本倒扣在桌子上的书。它们觉得我们特立独行，我们认为它们少见多怪，因为灯蛾天生就是这样休息的。

▲尘污灯蛾

特殊的自卫方式

其他的蛾要么翅膀上有吓人的眼斑，要么鳞片带有毒性，都竭尽所能地强化自卫武器。我们的自卫方式和它们不一样，一旦感到危险，我们就会分泌出一种黄色液体，这种液体有很强的腐蚀性和刺鼻的气味，我们以此驱赶敌人。当然，这是我们大部分灯蛾的自卫方式，还有一些灯蛾另辟蹊径，会发出强烈的爆裂声，来吓退敌人。

啰啰唆唆地说了一大堆，我们还没好好描述一下自己呢。我们属于中小型蛾，还有少数伙伴属于大型蛾。我们的触角呈丝状或羽状。一般情况下，我们都穿着白色的外衣，外衣上装饰着黑色、红色、黄色的斑纹、斑点。也有某些伙伴的外衣十分鲜艳。

我们最常见的伙伴有红缘灯蛾、人纹污灯蛾、尘污灯蛾、花布灯蛾等。在森林、田地里经常能见到我们的身影。

什么都吃的幼虫

植物那么恨我们，其实都是因为我们的宝宝——灯蛾幼虫。灯蛾幼虫呈黑色或褐色，身体是长圆状的，披满长长的绒毛。宝宝们一点儿也不挑嘴，而且喜欢"聚餐"。它们一聚餐，植物就遭殃了。宝宝们会将植物的叶肉啃食得干干净净，只留下稀疏的叶脉，导致植物无法进行光合作用，渐渐枯萎。

除了只吃地衣、苔藓的苔蛾幼虫，其他灯蛾的幼虫都不挑嘴，尤其爱吃玉米、谷子、棉花、高粱、桑树、茶树、柑橘树等植物的叶子。

◀美国白蛾

▲红缘灯蛾

口器发达的巨蛾——天蛾

蝴蝶世界中有大个子的凤蝶，那蛾的
世界中呢？有身材高大的"巨蛾"
吗？当然有！那就是天蛾。下面就让
我们一起来揭开天蛾的神秘面纱，好好
观察一下它们吧。

▲天蛾

🦋 口器发达的巨蛾

　　天蛾多生活在植物多的温暖地带，喜欢在黄昏或夜间
活动，个别种类也会在白天出现。这种昼伏夜出的习性是大多数蛾的共同特征。但
与其他蛾相比，天蛾有两点不一样。

　　其一，天蛾体型巨大，大多呈纺锤状，看起来很强壮；体色比较鲜艳，常见
的有绿色或者红色；前翅大而狭长，后翅相对略小一些，翅顶角尖尖的，翅外缘
向内斜。

　　其二，很多蛾的口器已经退化，无法进食，在短短十几天的生命中，完全靠幼
虫时期吸收的营养来维持生命；而天蛾不一样，它们的口器不仅没退化，而且十分
发达，是它们吮吸花蜜的工具。某些种类的天蛾，口器甚至跟身体差不多长，平时
蜷曲起来，饥饿时就伸展开来，如同吸管一般，能伸到花蕊最深处。

天蛾幼虫

　　大多蛾类的幼虫要么体表多暗色刺毛，要么体表少毛色浅，总之，它们都奉行低调原则，尽量让自己看起来不起眼儿，以逃过天敌的搜查。天蛾幼虫可不喜欢躲躲藏藏的生活，它们从来都是高调现身。天蛾幼虫比较肥大，呈圆柱状，有8个腹节，体表光滑无毛，大多披着明绿色的外套，腹节两侧还均匀点缀着深色的点，整体看上去非常显眼。不过，当它们趴在绿叶上时，绿色的身体与叶片融为一体，就很难被发现了。

　　天蛾幼虫的另一个与众不同之处就是第8腹节背面长着一个高高翘起的"尾巴"，其实这是它们的臀角，是它们表明自己身份的重要标志。

　　天蛾幼虫还会高调发声呢。它们经常摩擦上颚，发出低低的爆裂声，仿佛在说："我与那些不会发声的蛾类幼虫不一样！"

鬼脸天蛾

　　天蛾带给我们的惊奇远不止上面介绍的那些。有一种鬼脸天蛾，模样长得有点儿吓人。它们白天停歇在与翅膀颜色相近的树枝上，胸部背面有骷髅头状的斑纹，乍一看，还以为是画家刻意在它们背上画了一个鬼脸。这种天蛾夜晚好追逐光，会将空气从口器中逼出，发出一种"吱吱"的声音。

◀鬼脸天蛾

喜欢蜜、糖的蛾——夜蛾

你喜欢甜甜的糖和蜜吗？夜蛾可是十分喜欢的。它们只要发现蜜、糖等好吃的，就会毫不犹豫地飞身上前，大口吮吸。不过那些甜甜的物体，常常是人们布下的死亡陷阱。

▶夜蛾幼虫

夜蛾的外形

夜蛾是鳞翅目夜蛾科昆虫的通称，夜蛾科是鳞翅目中种类最多的一科。目前世界已知的夜蛾有 2 万多种，我国已经发现的有 1600 种左右。

夜蛾中等大小，翅膀颜色暗淡，少数种类的后翅有艳丽的色彩或斑纹。不同种类的夜蛾，触角也不同，有线状、锯齿状、栉状等。夜蛾吸管状的口器非常发达，有些甚至能刺穿果皮，平时卷曲起来，取食时伸直。

夜蛾与其他蛾类最大的区别是它们具有长长的下唇须，有钩形、椎形、镰形、三角形等多种形状，仿佛是长长的胡子。某些种类的夜蛾的下唇须长得可以向上弯曲到胸背部。

▼夜蛾

夜蛾只在夜间活动，白天隐藏在阴暗处睡大觉，因此得名"夜蛾"。大多数夜蛾是素食主义者，只喝点儿果汁、蜜露等；少部分夜蛾是肉食主义者，喜欢吃一些小昆虫，比如，紫胶猎夜蛾就喜欢捕食紫胶虫。

四处作恶的幼虫

夜蛾种类繁多，幼虫也多种多样，有黏虫、小地老虎、黄地老虎、棉铃虫等。无一例外，它们都是臭名昭著的害虫。

黏虫什么植物都吃，稻、粟、玉米、棉花、蔬菜、豆类等，都是它们取食的对象。小时候，它们多藏在叶心里，悄悄进行破坏；长大一些后，它们就变得胆大妄为起来，明目张胆地钻出叶心，吃光整个叶片。

黏虫取食叶片，伤害植物的地上部分；地老虎则隐藏在地下，偷偷啃食植物根茎，导致植物死亡。

能躲过蝙蝠的追捕

夜蛾胸前有个鼓膜器，这让夜蛾能"听"到超声波。当蝙蝠用超声波探测猎物时，夜蛾能轻松听见，及时避开。

夜蛾腿关节上有振动器，也能发出超声波，使蝙蝠的超声波定位发生偏差。

▼蝙蝠

有些夜蛾的身上长有厚厚的绒毛，能吸收蝙蝠发出的超声波，使蝙蝠收不到足够的超声波回声而判断失误。

137

Chapter 6
第六章

甲虫大军

大角斗士——锹甲虫

DA JUEDOUSHI—QIAOJIACHONG

如 果说甲虫是昆虫界的铠甲武士,那锹甲虫就是武士中冲锋陷阵的第一勇将。锹甲虫勇猛好斗,不畏强敌,常常为了捍卫领土或者争夺配偶,与敌人展开"血战"。

角状上颚

目前已发现的锹甲虫约有 1200 种,分布在世界各地,以东南亚地区居多。雄性锹甲虫上颚发达,形似鹿角,长可达 2 厘米,几乎与它们的身体等长。这巨大而有力的上颚,可不是锹甲虫的餐具,而是它们与敌人战斗的武器。

一般情况下,雄性锹甲虫的上颚比雌性锹甲虫的上颚发达,但也有少部分的锹甲虫,雄性与雌性的上颚相似。锹甲虫如果缺乏营养,上颚就无法正常生长。很多锹甲虫就是因为食物不足而导致没有上颚的。缺乏了武器的保护,它们生活得十分艰难。

◀锹甲虫

勇敢的角斗士

锹甲虫非常勇猛。当它们感到危险时,就会站在树桩或者石头上,摆出威风凛

凛、蓄势待发的姿态，仿佛在告诫对方："这是我的地盘！"如果不能吓退对方，锹甲虫就会一跃而上，用强有力的上颚与对方厮打在一起，直到将对方举起并摔在地上为止。当然，锹甲虫偶尔也会战败，很可能被扭断了上颚或者丧失了家园，但它们依旧雄赳赳、气昂昂，颇有不以输赢论英雄的勇士之风。

其实，不光成年的锹甲虫好斗成性，它们的宝宝也个个脾气火暴。两只锹甲虫幼虫相遇时，常常会气势汹汹地冲上前去，用尚未发育完全的大颚互斗，直到一方战死为止。

最爱大树

锹甲虫最爱大树，一生都围着大树生活。雌性锹甲虫将卵产在腐朽的木头里，经过一段时间的孵化，幼虫出生，它们依然在朽木中生活，啃食朽木屑。吃饱喝足，积攒了足够的能量后，幼虫会在朽木中化蛹。成虫钻出朽木后，会在附近的大树上生活，以树木及果实的汁液等为食。

昼伏夜出

锹甲虫白天躲在树洞里睡大觉，夜晚才出来觅食、寻找配偶。这种昼伏夜出的习性，可以帮助它们躲避一些天敌，如喜鹊、啄木鸟等，但对刺猬、獾等昼伏夜出的动物来说，就没有作用了。锹甲虫一般在 5 月末出现，在 8 月的傍晚最活跃。

千奇百怪

有些大黄蜂把小石头当锤子用，将泥土敲下来，堆进巢中。

由于视觉光谱不同，昆虫眼中的花朵颜色与人类眼中的花朵颜色完全不同，比如我们看见的银莲花是白色的，但在蜜蜂眼里，它可能是蓝色的。

除粪高手——蜣螂

CHU FEN GAOSHOU—QIANGLANG

雨季过后，象群逐着青草迁移。在象群后面，总跟随着一群黑亮的小甲虫。它们将大象的粪便分解开来，滚成一个个圆圆的小球，推回洞中。它们是大象雇来的清洁工吗？不是的。它们的学名叫蜣螂，是一种以粪便为食的甲虫。青草充足，大象吃得饱，排出的粪便就多，蜣螂自然要紧紧跟着象群，抢着将食物搬回家呀！

铁甲将军

蜣螂广泛分布在世界各地。这种体长一般不超过 3 厘米的小家伙，外壳呈黑褐色，有 1 个铲状的头和 1 对桨状的触角。蜣螂的外壳十分坚硬，反射着闪闪的光辉，仿佛披着一身铁甲。所以，人们也称其为"铁甲将军"。非洲有一种巨型蜣螂，外壳非常坚硬，堪称"蜣螂之王"。

▲蜣螂

大自然的清道夫

　　蜣螂被誉为"大自然的清道夫"。它们将粪便拍打成圆球，然后用两只有力的后腿将粪球推到已挖掘好的洞穴中食用。不必怀疑，蜣螂就是用后腿倒退着将粪球推到洞中的！有些种类的蜣螂性子比较急，会先大吃一顿，再考虑其他工作。

　　不要小瞧蜣螂的工作。如果没有它们清理粪便，堆积如山的动物粪便就会污染牧草，且易滋生蚊蝇，从而破坏生态环境；如果没有它们挖掘洞穴，土壤就会变得板结，不利于植物生长。而且，蜣螂吸收粪便中的营养物质后，会将粪便排到土壤中，肥沃土壤。

万能的粪球

　　蜣螂的粪球不仅是它们的食物，而且是它们的育婴室。雌蜣螂在产卵之前，会挖掘几个约1米深的洞室，然后在每个洞室内放一个滚成梨形的粪球，将卵产在粪球里面。蜣螂幼虫出生之后，就以粪球为食，粪球越吃越空，小蜣螂越长越大，直至破"球"而出。

讨厌的无赖

　　总体来看，蜣螂挺勤劳的，不过在蜣螂中也存在一些懒汉和无赖。这些坏家伙不爱劳动，总去抢别人的劳动成果。被打劫者和无赖之间难免发生恶战，如果无赖赢了，不仅会夺走战败者的粪球，甚至会掳走战败者的"妻子"。

长"鼻子"甲虫——象鼻虫

象鼻虫是甲虫中种类最多的一科，也是昆虫中种类最多的一群。它们大多都有翅膀，身体有的只有 0.1 厘米长，有的能长到 10 厘米左右。为了便于区分，昆虫学家们将象鼻虫细分为长角象鼻虫科、卷叶象鼻虫科、羊齿象鼻虫科、三锥象鼻虫科、橡根象鼻虫科、毛象鼻虫科等。

长嘴巴，硬外壳

象鼻虫的头部前端生有如同大象鼻子的器官，不过，这可不是它们用来呼吸、吸水的鼻子哟，而是它们的吻部。吻部前端生有口器，是象鼻虫"吃饭"的工具。象鼻虫的吻部很有力量，产卵时节，雌虫能用它在植物表面硬生生地钻出一个管状洞穴，然后将卵产在其中。

甲虫的外壳都很坚硬，不过，大多数种类的外壳都无法与某些种类的象鼻虫的外壳相比。据说，昆虫学家在制作兰屿球背象鼻虫的标本时，要借助电钻才能切开那层外壳呢。这些种类的象鼻虫的外壳如此坚硬，是因为它们的后翅已经退化，而前翅闭合，紧紧地扣在背上，从而提高了外壳的硬度。

遇到危险就装死

象鼻虫的吻部有力、外壳坚硬，可以说其既有强悍的战斗力，又有无坚不摧的盾牌，应该是昆虫中的小霸王吧？其实，象鼻虫的胆子可小了，遇到危险就装死。如果你趁象鼻虫不注意的时候，轻轻碰它一下，它会立刻将6条腿缩到肚子下面，一动不动，任你左摇右晃，它也不会"活"过来。

会冬眠的甲虫

深秋的时候，很多甲虫都会在产卵后死去，以免与寒冷的冬天相遇。象鼻虫可不害怕寒冬，它们会采用冬眠的方式来挨过冬天。第二年大地回春，气温升高，它们又会活跃起来，到处啃食植物的茎、叶。幸好，大多数的象鼻虫会在冬眠的时候被冻死，否则春天刚发芽的植物就会被它们啃食得七零八落了。

可恶的害虫

象鼻虫是经济作物害虫，竹子、棉花、落叶松等，都深受其害。雌象鼻虫将卵产在植物内部，幼虫孵化后，就啃食植物内部最鲜嫩的部分。吃饱喝足后，幼虫又会在植物内部化蛹。当成虫从植物内部钻出来时，植物的根茎已经中空了，风一吹就会折断。成虫钻出来后，也会挑最嫩的植物茎叶食用。可以说，象鼻虫的一生都在危害经济作物。

灯笼小天使——萤火虫

夏天的夜晚，我们经常能看见一些闪闪发光的小虫在草丛间飞来飞去，仿佛提着灯笼的小天使在为迷路的小动物们照亮回家的路。这些发光的小飞虫就是萤火虫。

别小看萤火虫的小灯笼，我国晋代有一个叫车胤的人，小时候因为家里穷，就曾经用练囊装萤火虫来照明读书呢。

▼萤火虫

会发光的甲虫

萤火虫是萤科甲虫的通称，体长 0.8 厘米左右，扁扁的，头部长有半圆球形的眼睛。有趣的是，雄萤火虫的眼睛比雌萤火虫的眼睛大。如果仔细观察，你会发现萤火虫的前胸背板特别长，如同头盔一样保护着头部。

暗夜中的光芒

为什么大多数昆虫不会发光，而萤火虫却会一闪一闪地发光呢？秘密全藏在萤火虫的肚子里。萤火虫腹部有专门的发光细胞。发光细胞内的荧光素在荧光素酶的

催化下，与氧气
产生一连串的生化
反应，反应过程中产生
的能量，几乎都以光的形式释
放出来。所以萤火虫的腹部才会发光。
但并不是所有萤火虫都会发光，某些种类的
雌萤火虫就不会发光。

　　不同种类的萤火虫会发出不同颜色的光，主要有黄色、
绿色、红色、橙红色。

　　萤火虫的腹部不停地发光，难道不会灼伤自己吗？不
用担心。萤火虫释放出来的能量，绝大多数都转化成光能，
只有极少的能量转化成热能。这点儿热量，对萤火虫来说，
根本构不成伤害。

雌雄大不同

　　雄性昆虫和雌性昆虫大多长得比较相像，只是身材大
小略有不同而已，而萤火虫是个例外。雄萤火虫双翅轻盈，
能够在空中翩翩起舞；雌萤火虫的双翅大多已经退化，无
法飞翔。虽然雌萤火虫无法与雄萤火虫比翼双飞，但这丝毫
阻挡不了雄萤火虫对雌萤火虫的爱意。每到夜晚，雄萤火虫就会燃起
"灯笼"，一闪一闪地向趴在草叶上的雌萤火虫表达爱意。如果雌萤火虫发出强
光回应，雄萤火虫就会心花怒放，迅速飞向自己的"爱人"。

　　北美的一种属的雌性萤火虫会模仿其他几个属的雌虫发光，不过它们可不是为
了向雄性表达爱意，而是布下了死亡陷阱。如果其他属的雄性贸然赶来，就会被毫
不留情地吃掉。

弄翎大武生——天牛

炎热夏季的傍晚，我们在园林里散步的时候，经常能在树上看见一种触角比身体还长的昆虫，这就是天牛。如果你抓着天牛的身体不放，它们会一边用力挣扎，一边发出"咔嚓咔嚓"的声音，跟锯树的声音特别像；又因为天牛幼虫蛀食树干，使树木容易折断，所以人们给天牛起了个形象的别称：锯树郎。

▶天牛

长长的触角

天牛体长 0.4 ~ 11 厘米，呈椭圆形，背部略扁，常趴在树上一动不动，看上去没有一点儿特别之处。不过，当天牛亮出自己的终极武器触角时，就会立刻变得威武起来。

天牛的触角极长，一般都超过体长，甚至是体长的 2 倍。生活在我国华北地区的长角灰天牛，其触角长度是自身体长的 4 ~ 5 倍。天牛的触角能向后贴覆在背上，旋转时非常有韵律，仿佛京剧武生在舞动头上的雉鸡翎，颇有豪情万丈的味道。

天牛风筝

天牛有一身蛮力，能移动相当于自身重量数十倍的物体。提来一只天牛，在它身上绑一根 30 厘米左右长的线绳，并在绳的另

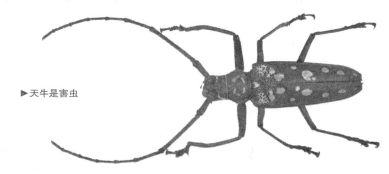

▶天牛是害虫

▲天牛幼虫

一端系一片树叶或一张纸片等，然后放开天牛，它就会在空中摇摇摆摆地飞翔，跟风筝似的。由于下面拴着东西，飞不高，天牛会拼命扇动翅膀，发出"嘤嘤"的声音，有趣极了！捉天牛时，一定要小心它们的颚。天牛的颚硬而有力，连木头都能咬开呢。

会造"屋"的幼虫

　　天牛的幼虫和它们的爸爸妈妈长得一点儿都不一样，身体呈黄白色，胖嘟嘟的，看上去非常可爱。古人常用"领如蝤蛴"来形容女性白润丰满的颈部。"蝤蛴"即天牛的幼虫，可见天牛幼虫在古人眼里是美丽丰润的代表。实际上，天牛幼虫的内心一点儿也不美丽。它们藏在树皮底下，利用锋利的口器啃食树干、树根、粗枝，留下或弯或直的坑道。坑道内满是天牛幼虫的粪便和细碎的木屑，有时还能看到大树流出的汁液。这些汁液仿佛是大树的眼泪，在控诉天牛幼虫的恶行！

　　天牛幼虫在化蛹之前，会啃食出一个较宽的坑道作为蛹室，并用纤维和木屑封住蛹室的两端，然后就在蛹室内沉沉地睡了。它们这一觉，时间有长有短，最短是几个星期。幼虫沉睡时间的长短与它们居住的树木的健康状况有很大关系，如果树木水分充足、枝干繁茂，幼虫沉睡的时间就短。

会"求饶"的甲虫——叩头虫

甲虫世界光怪陆离，不同科属的甲虫有着截然不同的生活习性，就连逃跑方式都千差万别。有一种甲虫叫叩头虫，一旦被捉住，就会不停地叩头"求饶"，有趣极了！

我们是叩头虫

我是叩头虫，有很多兄弟姐妹，全世界已知的有 8000 余种。现在，让我来做一下具体介绍吧。

我们属于鞘翅目叩甲科，身体略扁，细长，披着一件密布短毛的栗色外衣，长着一对圆圆的复眼。我们属于完全变态昆虫，幼虫期和蛹期生活在地下，成长为成虫后生活在草丛、灌木丛等处。

小时候的我们肤色金黄，长得又细又长，像根针，所以别人又叫我们"金针虫"。植物的种子、根和地下茎等都是我们的最爱。长大后，玉米、麦子、棉花、高粱等都是我们爱吃的植物。

安能辨我是雄雌

雌、雄叩头虫的外表几乎一模一样，要想分辨出我们的性别，必须仔细观察我们的触角才行。比如，我是只雄虫，我的触角是锯齿状的，一般有 11 节；而我的姐妹们的触角是线形的，长长的，一般有 12 节，能触碰到翅膀尖。

▼叩头虫

我们不是胆小鬼

　　我们一旦被摁在地面上，就会用脑袋和胸部一上一下地叩击地面，发出清脆的声音。即使将我们仰面朝天地摁住，我们也会做出同样的动作来。这个动作和胆小的人磕头求饶的动作一模一样。所以，很多人都把我们当成胆小鬼。

　　其实，我们很冤枉。我们叩头只是为了瞬间弹跳起来，逃脱敌人的掌控而已。而且，这种叩击声是我们传递信息、吸引异性的手段呢。

　　所以，小朋友们，请不要再人云亦云地用"胆小鬼"来侮辱我们了。不过你们若称呼我们"演技派明星"，我们是不会介意的。

叩头原理

　　所有甲虫中，为什么只有我们叩头虫能做出叩击的动作呢？原来，我们的身体被一层坚硬的甲壳包着，这层甲壳的不同部位被称为板，如胸板、腹板等。我们的前胸背板活动自如，前胸腹板中部向后还有一个突出的部分，当我们的头、胸向腹部弯曲时，这个突出的东西就正好插入中胸腹板前缘的一个沟槽中。当我们做仰卧动作时，前胸就将那个突出体弹出沟槽，并发出清脆的响声，我们也就能借力一跃而起了。

会"拦路"的甲虫——虎甲虫

HUI "LANLU" DE JIACHONG—HUJIACHONG

很多甲虫都喜欢在傍晚出来活动，因为这个时候比较安全。虎甲虫可没这种安全意识，它们最喜欢在光线充足的白天捕食。

贪吃的虎甲虫

虎甲虫体长2厘米左右，复眼突出，甲壳色彩鲜艳，很多是绿色基底上夹杂着金绿色或金色的条带，两侧均匀分布着斑斓的色斑。

▼虎甲虫

虎甲虫非常贪吃，一整天都在忙碌一件事——捕捉各种小虫。被虎甲虫盯上的小虫，大多逃不掉被吃掉的命运，因为虎甲虫奔跑的速度特别快，而且能低飞捕食猎物。

虎甲虫只有在"拦路"的时候，才会停下捕食的脚步。当人走在路上时，虎甲虫会大马金刀地拦在路中间；当人向前迈步时，它们又会突然向后短距离飞翔，在人前方不远处继续"拦路"。难道它们将"拦路"当成了有趣的游戏？

会挖陷阱的幼虫

虎甲虫的幼虫叫骆驼虫，也是捕食的能手。它们会挖一个垂直向下的坑，自己藏身其中，伸出触角和上颚在洞口处轻晃。有些小虫以为那是小草，就兴冲冲地飞奔过去，刚到洞口，就被骆驼虫的上颚紧紧地钳住了，成为骆驼虫的美餐。

短跑运动员——步甲虫

DUANPAO YUNDONGYUAN—BUJIACHONG

步甲虫和虎甲虫一样，都是一种善于奔跑的甲虫，一旦受惊，就会立刻迈开 6 条有力的细腿，"蹬蹬蹬"跑出好长一段距离，感到安全后才会停下来。如果还是没逃掉，步甲虫会使出最后一招——装死。

▲步甲虫

夜行的猎手

虎甲虫白天出现，而步甲虫夜间出现，这是二者最大的区别。每当夜幕降临，步甲虫就出来觅食了。它们中等身材，披着色泽幽暗的甲壳，瞪着圆圆的复眼，聚精会神地巡视着自己的领地，一旦发现猎物，就立刻急速奔去，将其一口咬住。步甲虫不善飞翔，但奔跑迅捷，往往在猎物还没反应过来的时候，就已经捕猎成功了。

步甲虫大多呈黑色或者褐色，体表光洁或生有稀疏的毛。少数步甲虫外表颜色鲜艳，带有黄色斑块。

会放炮的射炮步甲

射炮步甲是步甲虫军团中的炮手。它们在遇到危险时，会将尾部对着敌人，"砰"的一声，发射出有毒的"炮弹"，以达到自保的目的。

射炮步甲腹部末端有个小囊，里面贮存着有毒的液体。毒液与射炮步甲体内的化学物质发生猛烈反应，在射炮步甲射液时会发出"砰"的声音。射炮步甲遭遇危险时，就会射出毒液，毒液在高温下瞬间汽化，形成毒气"炮弹"，喷向敌人。

▲ 花金龟

戴"冠冕"的甲虫——花金龟

"最美甲虫"的头衔落在了金龟子头上，花金龟很不服气。它们觉得自己也很漂亮：方形微扁的身躯；色彩明亮而有光泽的甲壳，大多还具有彩色的花纹；头部有一个大小不等的突起物，看起来很像皇帝头上戴的冠冕，非常威严。雄性花金龟的"冠冕"通常更发达。

热感应器

花金龟不喜欢寒冷的气候，虽然世界各地都能见到它们的身影，但热带才是它们最喜欢待的地方。有些花金龟的中足基部有热感应器，能探知更温暖的地方。这类花金龟会依靠热感应器来寻找刚烧过的森林等温度高的地方，因为这类地方更适合交配和产卵。

依靠背部行走的幼虫

花金龟的幼虫特别有趣。它们大多蜷缩成"C"形，生活在土壤下，很少离开自己的"屋子"。如果你将它们挖出来放在地面上，就会看到，它们好像不好意思见人似的，急忙伸缩背部的肌肉，一扭一扭地向前"爬"去。

154

穿"毛衣"的甲虫——郭公甲

CHUAN "MAOYI" DE JIACHONG—GUOGONGJIA

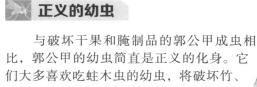
▼郭公甲

在亚热带和热带地区，经常能见到一种穿着"毛衣"的甲虫，它们就是郭公甲。郭公甲的身体上布满了长长的毛，好像穿着一件大毛衣。

郭公甲属于中小型甲虫，体形修长、略扁，摸上去软软的。大多数种类色彩艳丽，呈红、绿、蓝或粉红色；少数种类为了伪装，穿着褐色或黑色的"外套"。

奇特的食性

甲虫大多喜欢吃植物的茎叶或捕食其他小昆虫，也有喜欢吃动物尸体的。这三种美味的食物却无法引起大多数郭公甲的兴趣。大多数郭公甲喜欢抢人类的食物吃，腌肉、干鱼、椰子干、无花果干等都是它们的最爱。人类贮存食物的仓库是它们最喜欢待的地方。

所以，郭公甲理所当然地成了人见人恨的仓库害虫。

正义的幼虫

与破坏干果和腌制品的郭公甲成虫相比，郭公甲的幼虫简直是正义的化身。它们大多喜欢吃蛀木虫的幼虫，将破坏竹、木组织的害虫消灭在萌芽期。某些郭公甲的幼虫喜欢吃蜜蜂和黄蜂的幼虫，也取食蝗虫的卵。

穿"花外套"的甲虫——瓢虫

CHUAN "HUAWAITAO" DE JIACHONG—PIAOCHONG

瓢虫长得很漂亮，经常出没在田间、花园里。它们或飞舞在树间，或爬行于花茎，或栖息在叶片下面，看起来悠然自得。

▲瓢虫

漂亮的外形

瓢虫长得像半个小球，头部小小的，有一半缩在壳里，6 条足又细又短。当瓢虫缩回足部，趴在草叶上时，看上去就是一个弧线顺畅的半球体，有趣极了！世界上已发现的瓢虫有 5000 余种，有的体表光滑，有的多毛。无论哪一种瓢虫，都穿着一件"花外套"：鞘翅呈红色、黄色、橙黄色或红褐色等，有明亮的光泽，并分布有黑色、红色或黄色的斑点。

很多人看瓢虫长得漂亮，就忍不住想捉它们，却往往被瓢虫吓走。因为瓢虫的体内含有一种成分为生物碱的液体，具有刺激性气味。一旦受困，瓢虫就会分泌这种液体，驱赶敌人。

成长的过程

瓢虫的成长速度非常快，从卵到成虫，只需要 1 个月左右的时间。瓢虫妈妈将卵产在温度适宜、食物充足的地方，幼虫出生后，就能吃到鲜美而充足的食物。幼虫的长相和父母不一样，它们是软软的肉虫子，呈节状，体表有坚硬的毛，这些毛是它们自保的武器。

▶七星瓢虫

为了储备化蛹的能量，幼虫没日没夜地吃东西。每蜕皮一次，幼虫的胃口就变得更大一些。蜕皮五六次后，幼虫就会找一个安全的地方，将自己挂在叶子底下，开始化蛹。在蛹内完成身体的转化，瓢虫成虫就出世了。刚出蛹的瓢虫，壳的颜色浅浅的、触感很柔软，尚未达到健康标准。它们要将自己暴露在阳光下几个小时，壳才会逐渐变硬，体色也才逐渐加深，斑点亦显现出来。

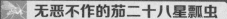

无恶不作的茄二十八星瓢虫

　　茄二十八星瓢虫简直是恶贯满盈，是无恶不作的害虫。它们喜欢吃叶肉，将叶子吃得只剩下叶脉；它们还喜欢吃果皮，导致果肉组织僵硬、粗糙、有苦味。很多植物都深受其害，如茄子、马铃薯、番茄、豆科植物等。

▼十二星瓢虫

▲茄二十八星瓢虫幼虫

疾恶如仇的朋友们

　　七星瓢虫是"活农药"，对加害树木、农作物的害虫恨得咬牙切齿，必除之而后快。麦蚜、棉蚜、槐蚜、桃蚜等，都是它们捕食的目标。此外，二星瓢虫、四星瓢虫、六星瓢虫、十二星瓢虫、十三星瓢虫、大红瓢虫、赤星瓢虫也是益虫。

版权声明

　　本书的编选，参阅了一些报刊和著作。由于联系上的困难，我们与部分作者未能取得联系，谨致深深的歉意。敬请原作者见到本书后，及时与我们联系，以便我们按国家有关规定支付稿酬并赠送样书。

　　联系人：张老师

　　电　话：18701502956